内蒙古自治区旗(县、区)气象站长序列气象要素分析丛书

鄂尔多斯长序列气象要素分析报告

张德龙　主编

气象出版社
China Meteorological Press

内 容 简 介

基于内蒙古自治区鄂尔多斯市所属8个地面气象台站1990—2019年的观测资料数据，通过系统整理、科学统计、综合分析，采用最新标准和方法，经过严格的质量控制，结合现代信息技术编制而成。总结了鄂尔多斯市各台站地理位置和气候特点，编制了近30年风向风速、降水、积雪、湿度、气温、地温、积温、冻土、日照、天气现象共10种气象要素的历年数据变化趋势分析产品，共计232幅图，可供气象、农业、水利、地理、环境、国土资源等领域的业务、科研、教学等人员使用，也可供防灾减灾、建设规划等部门参考。

图书在版编目(CIP)数据

鄂尔多斯长序列气象要素分析报告 / 张德龙主编. — 北京 ：气象出版社，2021.7

ISBN 978-7-5029-7480-0

Ⅰ.①鄂… Ⅱ.①张… Ⅲ.①气象要素-天气分析-鄂尔多斯 Ⅳ.①P42

中国版本图书馆CIP数据核字(2021)第128754号

鄂尔多斯长序列气象要素分析报告

Eerduosi Changxulie Qixiang Yaosu Fenxi Baogao

出版发行：气象出版社

地　　址：北京市海淀区中关村南大街46号　　**邮政编码**：100081

电　　话：010-68407112(总编室)　010-68408042(发行部)

网　　址：http://www.qxcbs.com　　**E-mail**：qxcbs@cma.gov.cn

责任编辑：郑乐乡　　**终　　审**：吴晓鹏

责任校对：张硕杰　　**责任技编**：赵相宁

封面设计：博雅锦

印　　刷：北京建宏印刷有限公司

开　　本：787 mm×1092 mm　1/16　　**印　　张**：8.25

字　　数：200千字

版　　次：2021年7月第1版　　**印　　次**：2021年7月第1次印刷

定　　价：60.00元

《鄂尔多斯长序列气象要素分析报告》
编　委　会

前　言

自2005年以来，通过“气象科学数据资源建设与共享”“地面报表数字化处理”“气象历史实时资料一体化建设”“气象大数据中心建设”等项目的支持，对内蒙古自治区气象台站自建站以来的观测资料进行了质量控制和订正，数据的准确度得到进一步的提高，并相应建立了气温、地温、降水、湿度、风向、风速、日照、积温、天气现象等长序列数据集，为部门内外业务、科研和教学等提供了有力支撑服务。

本书基于上述数据环境基础，选取内蒙古自治区鄂尔多斯市8个地面气象台站1990—2019年的观测资料，通过系统整理、科学统计、综合分析，采用最新标准和方法，结合现代信息技术编制而成。

全书按照鄂尔多斯市旗(区)分布共分为9个章节。第1章介绍了鄂尔多斯地理位置和全市的气候特点，第2章至第9章分别介绍了该市下辖的东胜区和准格尔旗、达拉特旗、伊金霍洛旗、鄂托克旗、乌审旗、杭锦旗、鄂托克前旗的地理特点与本地区总的气候特点，以及近30年风向风速、降水、积雪、湿度、气温、地温、积温、冻土、日照、天气现象共10种气象要素的历年数据变化趋势分析产品，如年平均风速、年大风日数、年平均最大风速、年平均极大风速、平均气温、平均最低气温、平均最高气温、平均降水量、降水量距平、平均地温、平均最低地温、平均最高地温、日照时数、平均相对湿度、平均气温通过0℃积温、平均气温通过10℃积温的历年(1990—2019年)变化曲线和风向频率分布，以及天气现象要素中的浮尘日数、扬沙日数、沙尘暴日数、霜日数、初霜日、终霜日等统计图。

本书可为读者快速获取或查询气象常规要素的基本信息提供便利，是一部实用性强、统计资料详实齐全的内蒙古天气、气候方面的工具书，可供气象、农业、水利、地理、环境、国土资源等领域的业务、科研、教学等人员使用，也可供防灾减灾、建设规划等部门参阅。

本书由张德龙担任主编、刘天琦担任副主编，韩仲强编写了第1章，何学敏编写了第2章、第6章，陈静超编写了第4章、第7章，王琳编写了第3章、第5章，段晓梅编写了第8章、第9章，王利亚统计了10种气象要素数据并绘制了全书曲线图和频率图。本书由张德龙、刘天琦完成统稿、审稿等工作。在编写过程中，韩经纬、白美兰等专家给予大力指导和帮助，在此表示感谢。由于编者水平有限，本书的结构和内容难免有不妥之处，恳请广大读者批评指正。

编　者

2020年5月于呼和浩特

前 言

目　　录

第 1 章　鄂尔多斯气象要素特点概述

鄂尔多斯市是内蒙古自治区下辖地级市，位于自治区西南部，地处鄂尔多斯高原腹地，西、北、东三面被黄河环绕，属黄河上中游地区。下辖准格尔旗、达拉特旗、伊金霍洛旗、鄂托克旗、乌审旗、杭锦旗、鄂托克前旗和东胜区。地理位置 37°35′24″～40°51′40″N，106°42′40″～111°27′20″E，南与山西、陕西接壤，西与宁夏回族自治区、阿拉善盟毗邻，北与巴彦淖尔市、包头市接壤，东与呼和浩特市隔河相望。东西长约 400 km，南北宽约 340 km，总面积 86752 km^2。

鄂尔多斯市属典型的温带大陆性气候，四季分明。春季气温骤升，降水少，干旱频发，多大风，气候干燥。夏季温热，雨水相对集中，局地冰雹、洪涝灾害频繁。秋季气温下降快，霜冻来临早，气候秋高气爽。冬季漫长寒冷，多大风，降雪少。年平均气温 7.1～8.5 ℃，最冷月(1月)平均气温为－11～－8.2 ℃，最热月(7 月)平均气温 23.1～24.7 ℃，全年降水时段集中在 8 月，降水量东部地区为 300～400 mm，西部地区为 190～350 mm。

第2章　东胜区气象要素特点分析

东胜区地处鄂尔多斯高原，地势西高东低。以泊江海子镇城梁村至海子湾村一线为界，东部为丘陵沟谷区，西部为波状高原区。东部地区海拔 1269～1584 m，从泊江海子镇城梁村至最东铜川镇潮脑梁村，中间隆起一条东—西走向的脊线，称东胜梁，为鄂尔多斯高原东部的南北分水岭。该地区沟壑纵横，水土流失严重。西部地区海拔 1367～1615 m，地势较为平缓，西、北、东三面略高，中南部较低，近似盆地。该地区是毛乌素沙地的延伸地带，风蚀沙化严重。东胜城区地势平缓，平均海拔 1460 m，东北略高于西南，外围被丘陵环绕。

东胜区属温带大陆性气候，冬长夏短，四季分明。无霜期较短，降水保证率低，年际变化较大，夏季短时强降水特点突出，东部地区易发生山洪灾害，西部地区易发生内涝，其他季节降水很少，干旱严重。夏、秋季常有局地雹灾，冬、春季常有大风沙尘天气发生。

2.1　风

对东胜区气象观测资料的统计研究表明，在最近 30 年（1990—2019 年，以下同），东胜地区近地层风速减小趋势明显，平均风速变化速率为－0.28 (m/s)/10a（图 2.1），多年平均风速 2.76 m/s，2019 年平均风速达近 30 年的最低值，为 2.2 m/s。该地区年大风出现日数较少，近

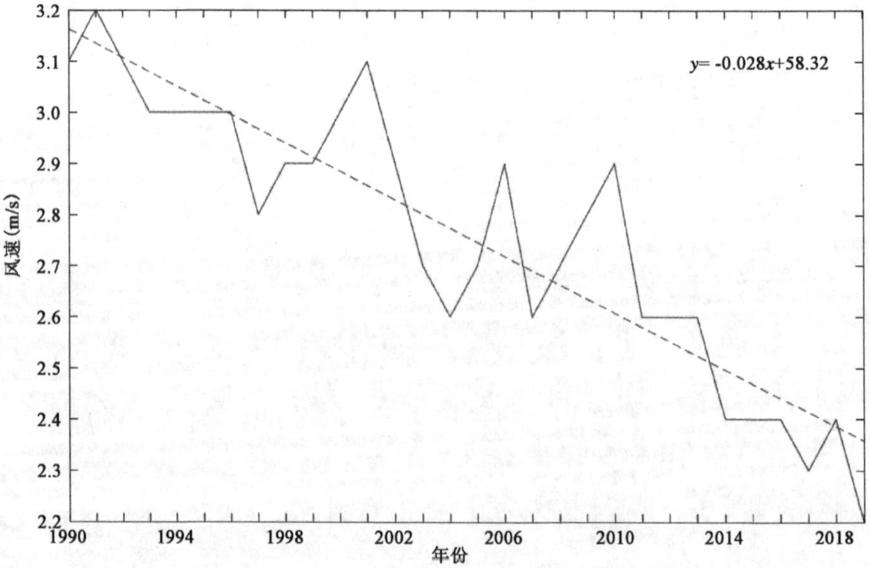

图 2.1　1990—2019 年东胜区年平均风速时序

30 年年平均大风日数为 7.8 d，呈减少趋势，1996 年出现大风日数最多，为 20 d，1990—2001 年大风日数较多，平均大风日数为 14 d/a（图 2.2）。年平均最大风速也呈明显减小的趋势，变化速率为－1.99 (m/s)/10a（图 2.3）。近 30 年东胜区年极大风速呈先减小后增大的趋势，2011 年年极大风速最小，为 15.4 m/s（图 2.4）。东胜区风速有明显的季节变化，春季最大，大风期长，大风集中期可持续至 6 月。统计多年平均风向频率（图 2.5），主导风向为南，出现的频率 15.5％，次主导风向为西南南、西北西，所占频率分别为 9.4％、8.9％。

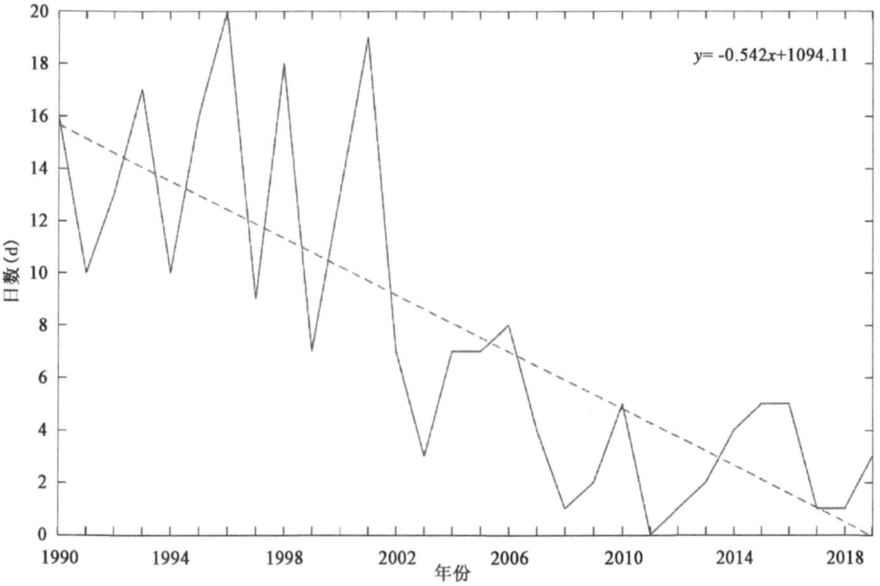

图 2.2　1990—2019 年东胜区年大风日数时序

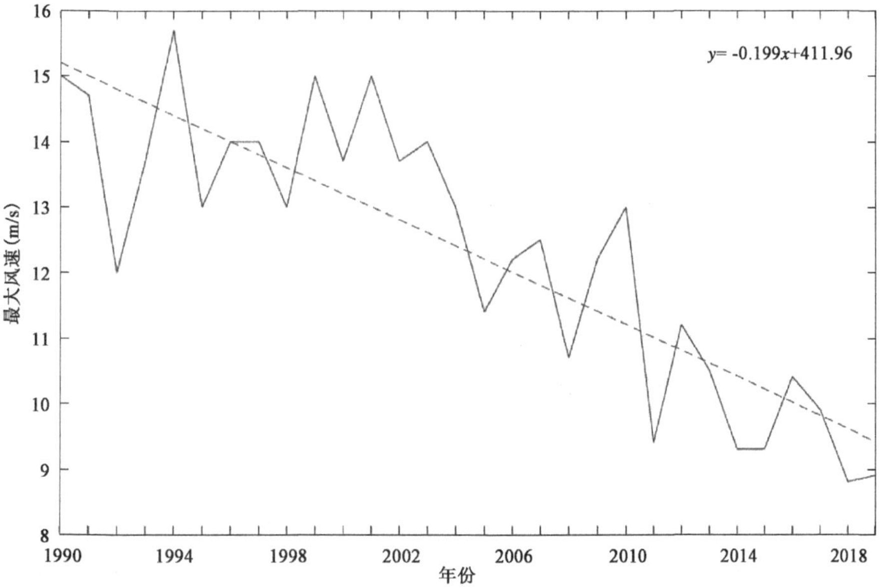

图 2.3　1990—2019 年东胜区年平均最大风速时序

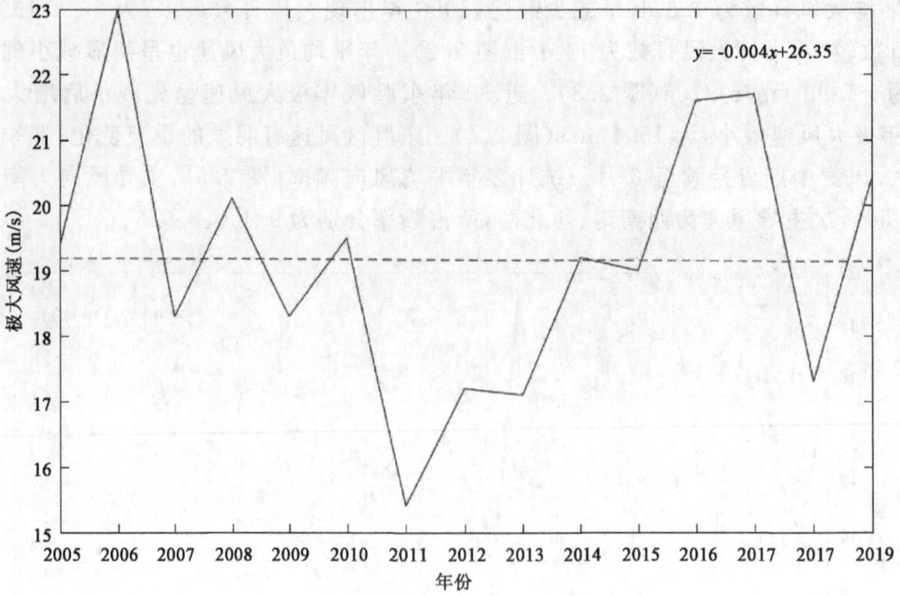

图 2.4 东胜区 2005—2019 年年平均极大风速时序

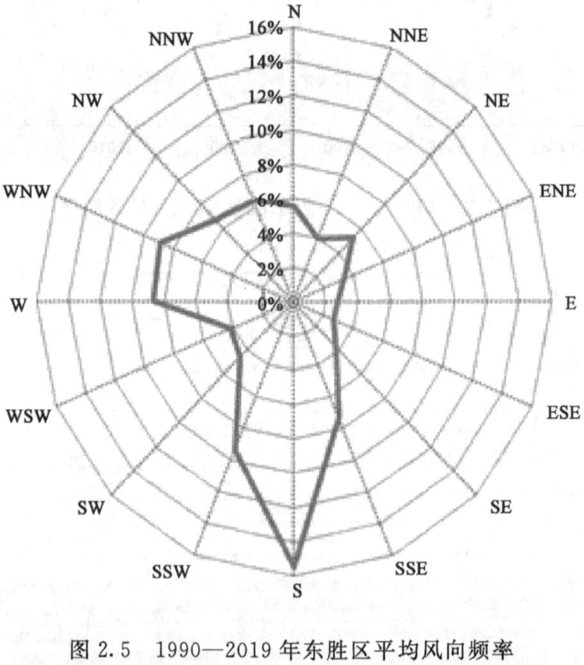

图 2.5 1990—2019 年东胜区平均风向频率

2.2 降水

东胜区近 30 年平均年降水量(图 2.6)为 387.0 mm,年降水量以 13.1 mm/10a 的速率增加。降水主要集中在 6—9 月,占全年降水总量的 73%以上,最大日降水量为 108.2 mm,出现在 1992 年 8 月 8 日。2012 年为 30 年间年降水量最大年(673.1 mm);2000 年最小,仅为

181 mm，两者相差 492.1 mm。分析东胜区 30 年年降水量距平时序(图 2.7)，1990—2009 年年降水量负距平年数较多，说明此时段降水以偏少为主，2010—2019 年年降水量正距平年数较多，说明最近 10 年东胜区降水偏多。

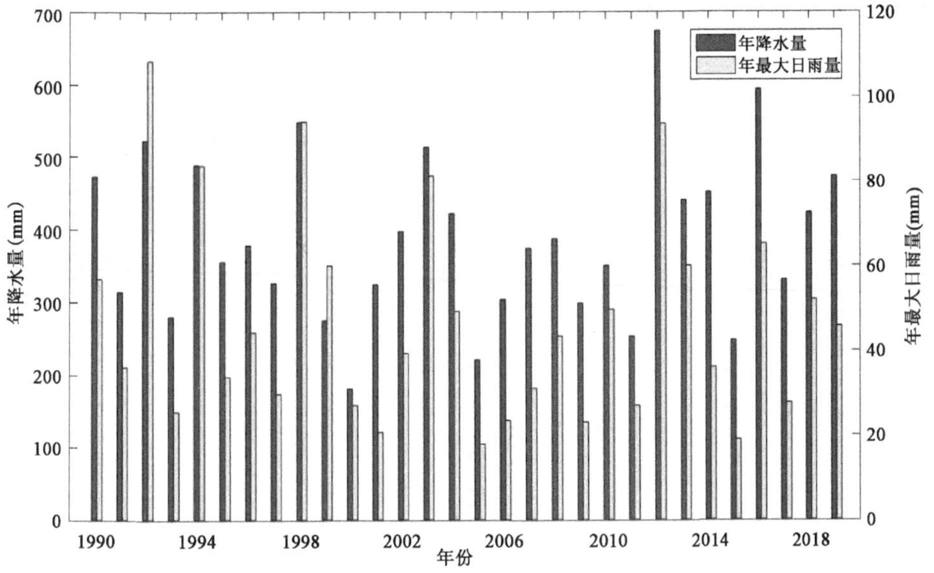

图 2.6　1990—2019 年东胜区年降水量和最大日雨量时序

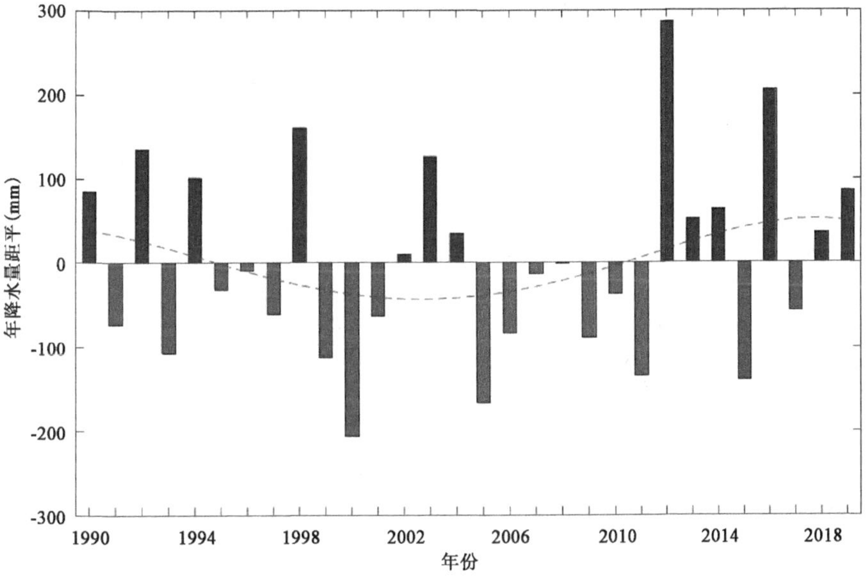

图 2.7　1990—2019 年东胜区年降水量距平时序

2.3　积雪

东胜区近 30 年积雪初日从整体上看稍有延后趋势，年平均积雪初日出现在 11 月 21 日，最早为 2017 年 10 月 10 日，最晚为 2018 年 2 月 14 日，积雪初日最早最晚出现时间相差 128 d（图 2.8）。积雪终日整体看稍有提前趋势。平均积雪终日为 3 月 24 日，最早为 2012 年 1 月 25 日，最晚为 2003 年 5 月 16 日，积雪终日最早和最晚出现时间相差 112 d(图 2.9)。近 30 年东胜区积雪日数整体呈下降趋势，下降速率为 3.6 d/10a，平均积雪日数为 34.5 d，最多出现在 2003 年，为 58 d，最少出现在 2013 年，仅 7 d(图 2.10)。

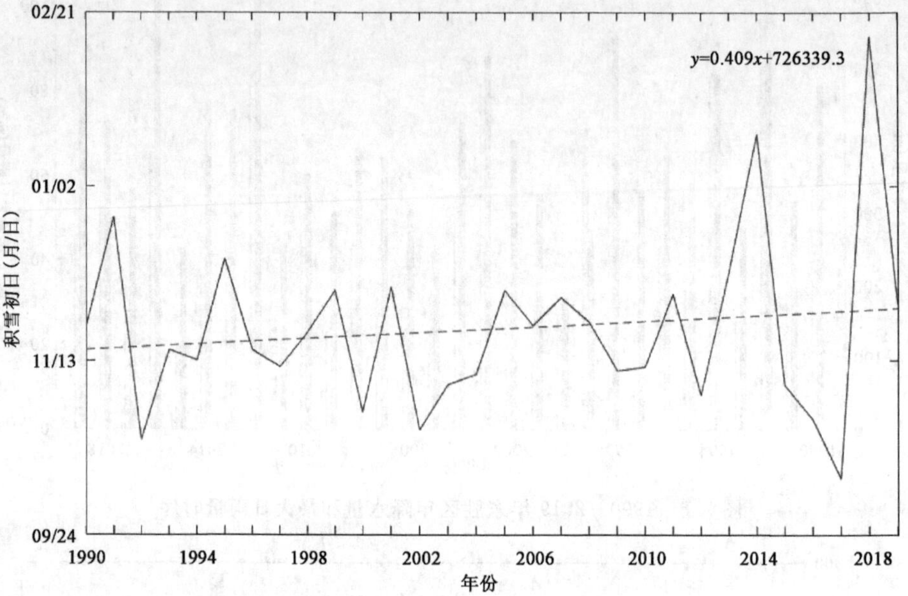

图 2.8　1990—2019 年东胜区年积雪初日时序

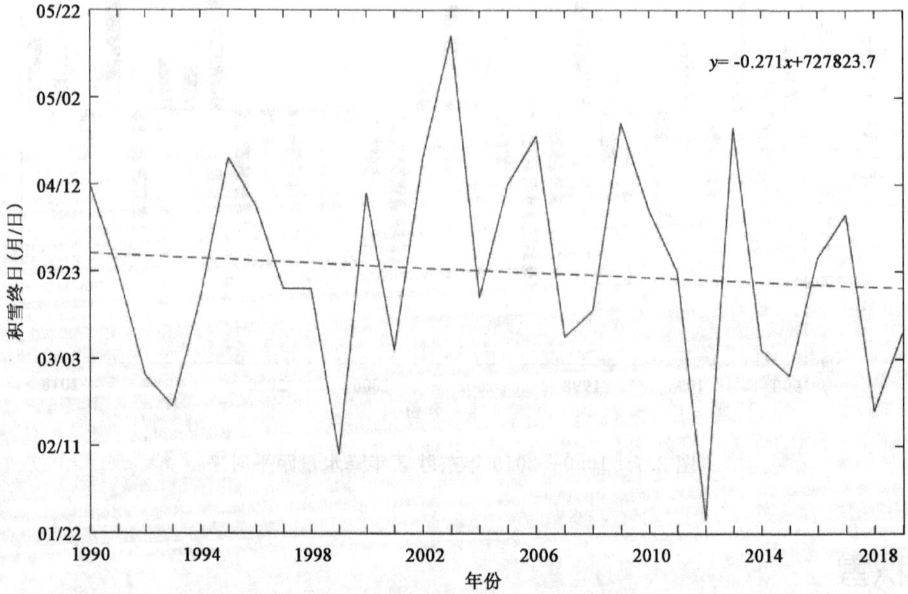

图 2.9　1990—2019 年东胜区年积雪终日时序

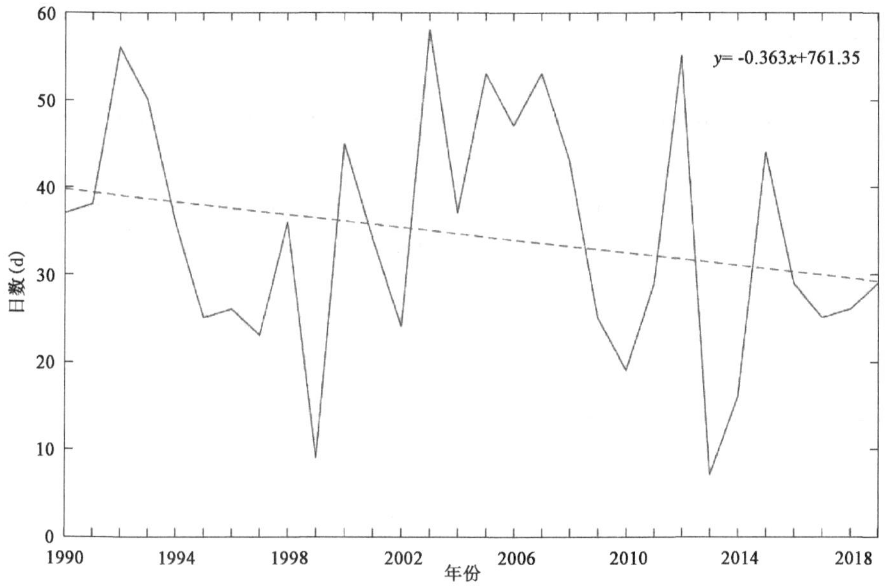

图 2.10　1990—2019 年东胜区年积雪日数时序

2.4　湿度

东胜区近 30 年平均相对湿度为 48%。总体而言，东胜区相对湿度的年际变化呈下降趋势，下降速率为 2%/10a。平均相对湿度最大值出现在 2003 年，为 56%，最小值出现在 2009 年和 2013 年，为 43%，该地区的年平均湿度最大峰值与最小峰值相差 13 个百分点(图 2.11)。

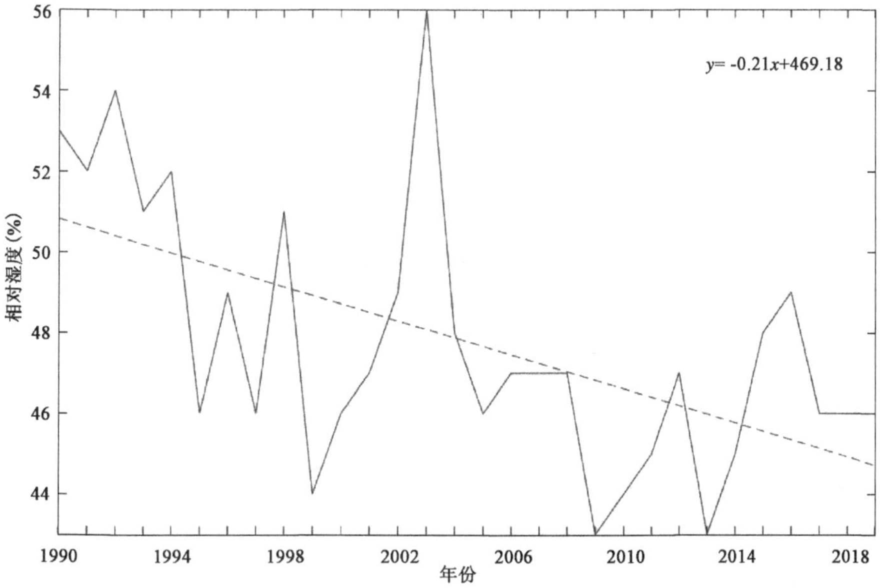

图 2.11　1990—2019 年东胜区年平均相对湿度时序

2.5　气温

东胜区近 30 年平均气温 7.3 ℃,年平均气温呈现上升趋势,2012 年略有下降,气温升高率为 0.5 ℃/10a;年平均气温最高为 8.4 ℃,出现在 2017 年;最低为 6 ℃,分别出现在 1993 年和 1996 年(图 2.12)。东胜地区年平均最低气温(图 2.13)和最高气温(图 2.14)均呈升高趋势,升温率分别为0.7 ℃/10a 和 0.38 ℃/10a,且最低气温升高最为明显。

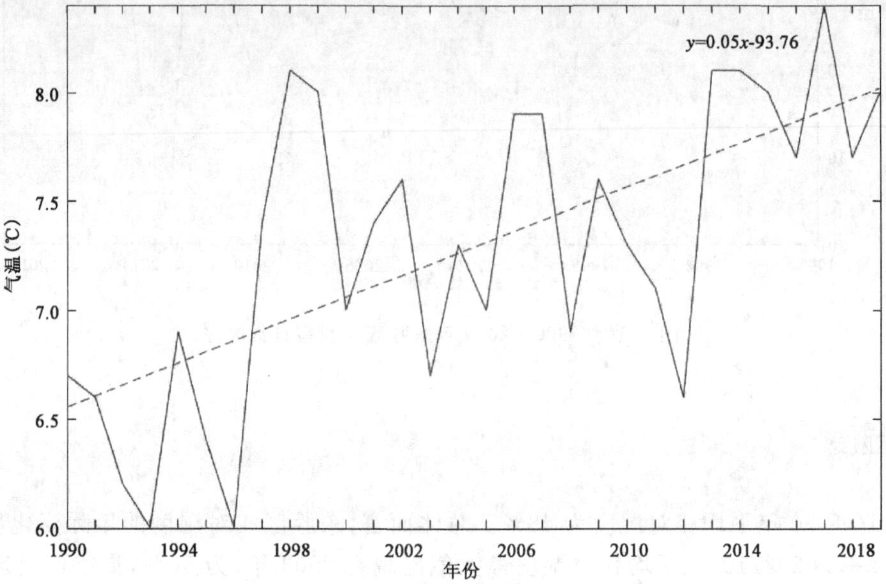

图 2.12　1990—2019 年东胜区年平均气温时序

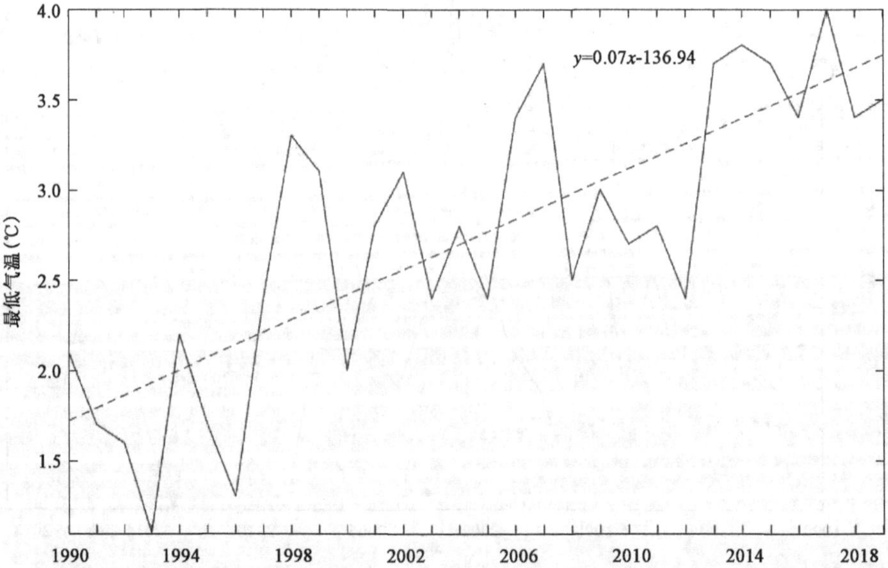

图 2.13　1990—2019 年东胜区年平均最低气温时序

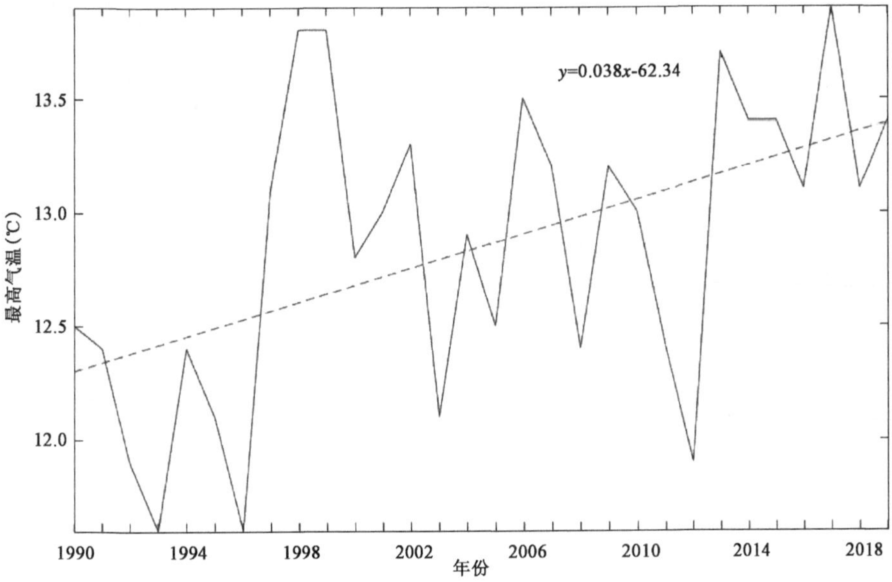

图 2.14　1990—2019 年东胜区年平均最高气温时序

2.6　地表温度

东胜区近 30 年平均地表温度为 9.3 ℃，呈上升趋势，上升速率为 0.6 ℃/10a。年平均地表温度最低为 7.7 ℃，出现在 1993 年；年平均地表温度最高出现在 2015 年，为 10.4 ℃（图 2.15）。近 30 年东胜地区年平均最低地表温度呈上升趋势，上升速率为 1.2 ℃/10a（图 2.16），但是年平均最高地表温度呈下降的趋势，下降速率为 0.1 ℃/10a（图 2.17）。

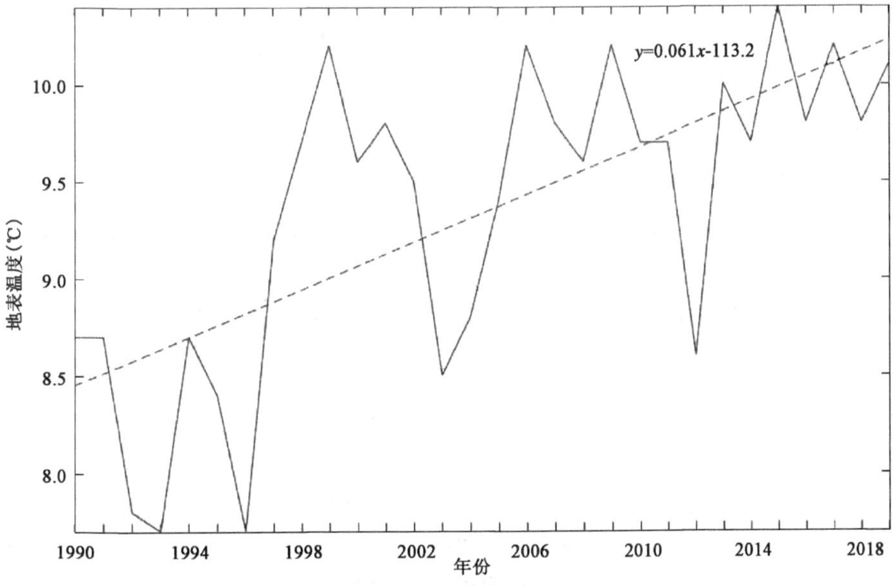

图 2.15　1990—2019 年东胜区年平均地表温度时序

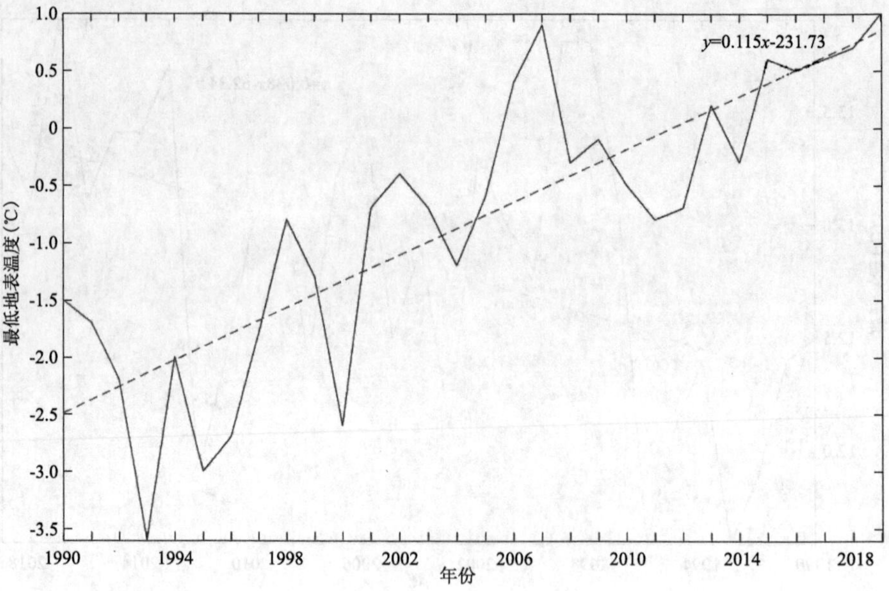

图 2.16　1990—2019 年东胜区年平均最低地表温度时序

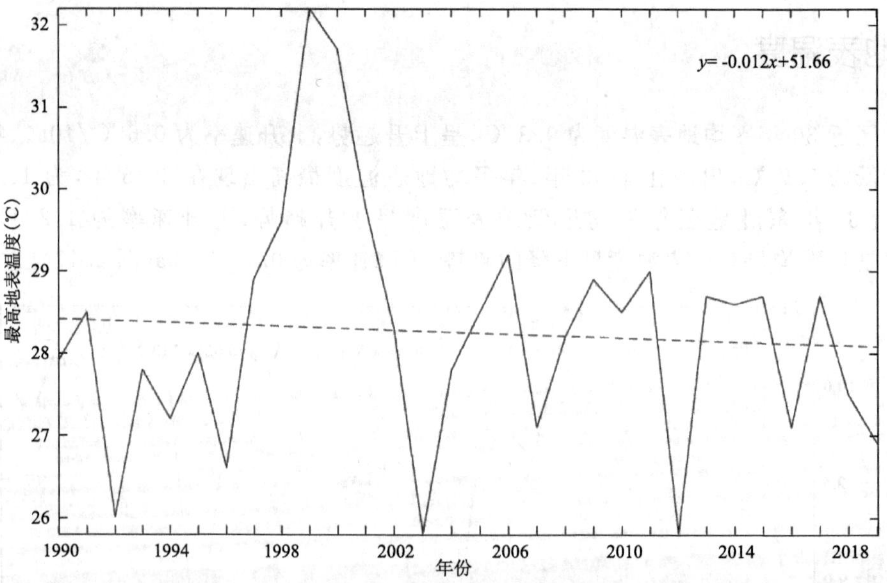

图 2.17　1990—2019 年东胜区年平均最高地表温度时序

2.7　积温

东胜地区日平均气温稳定通过 0 ℃和 10 ℃的年平均积温分别为 3059.2～3692.5 ℃·d、2453.4～3233.5 ℃·d。分析近 30 年≥0 ℃积温数据，该地区≥0 ℃积温呈上升趋势，上升速率为 146.9 ℃·d /10a。其稳定通过 0 ℃积温最大值出现在 2018 年，为 3692.5 ℃·d，最小值出现在 1992 年，为 3059.2 ℃·d(图 2.18)。该地区通过 10 ℃积温也呈上升趋势，上升速率为 157 ℃ · d /10a。其≥10 ℃积温最大值出现在 1998 年，为 3233.5 ℃ · d，最小值出现在 1992 年，为 2453.4 ℃ · d(图 2.19)。

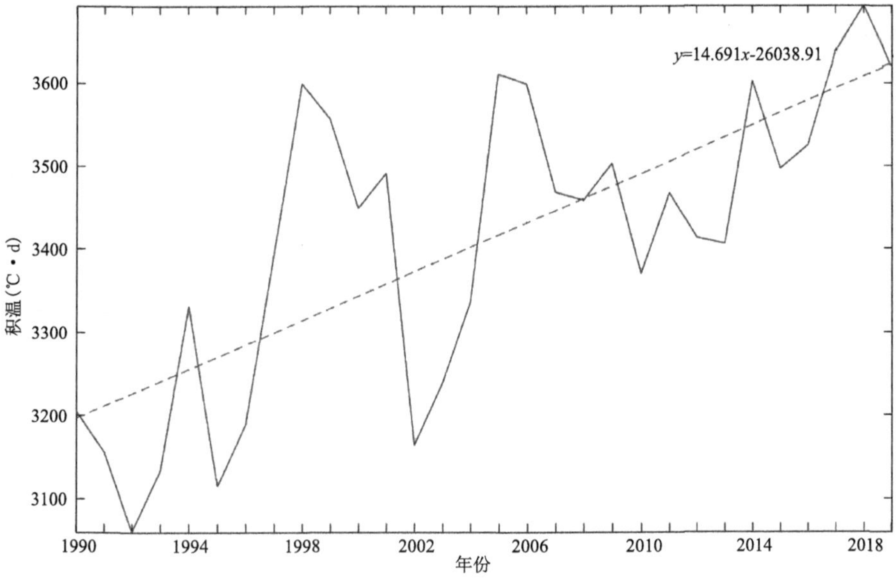

图 2.18　1990—2019 年东胜区年平均气温≥0 ℃积温时序

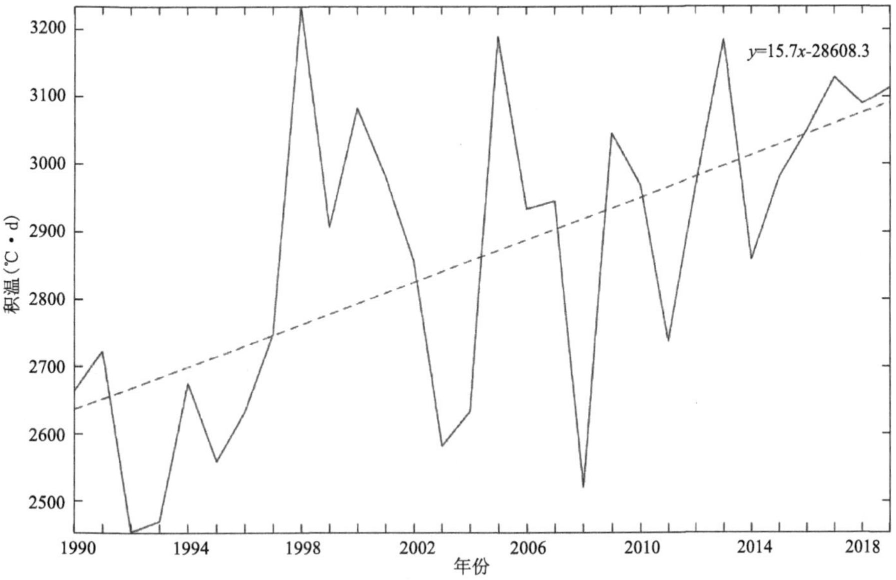

图 2.19　1990—2019 年东胜区年平均气温≥10 ℃积温时序

2.8　冻土

东胜地区近 30 最大冻土深度呈缓慢减小的趋势，冻土深度变化率为－0.67 cm/10a，最大冻土深度平均值为 107.63 cm，最大值出现在 2008 年，为 134 cm(图 2.20)。东胜地区近 30 年年最大冻土深度首次出现日期变化趋势不明显(图 2.21)。最大冻土持续时间平均为 6.07 d，1990—2009 年冻土持续时间在平均值上下来回波动，2013 年冻土持续时间达到最大值，为 23 d(图 2.22)。

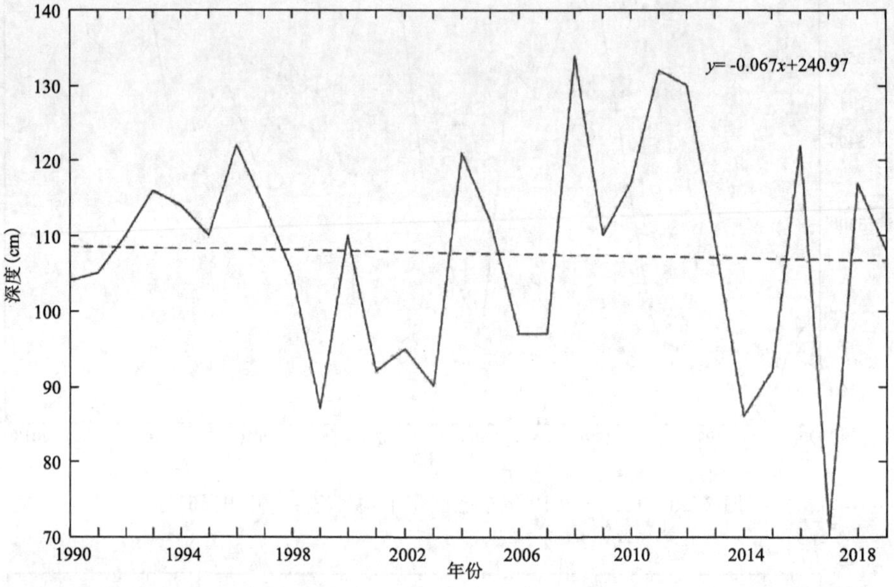

图 2.20　1990—2019 年东胜区最大冻土深度时序

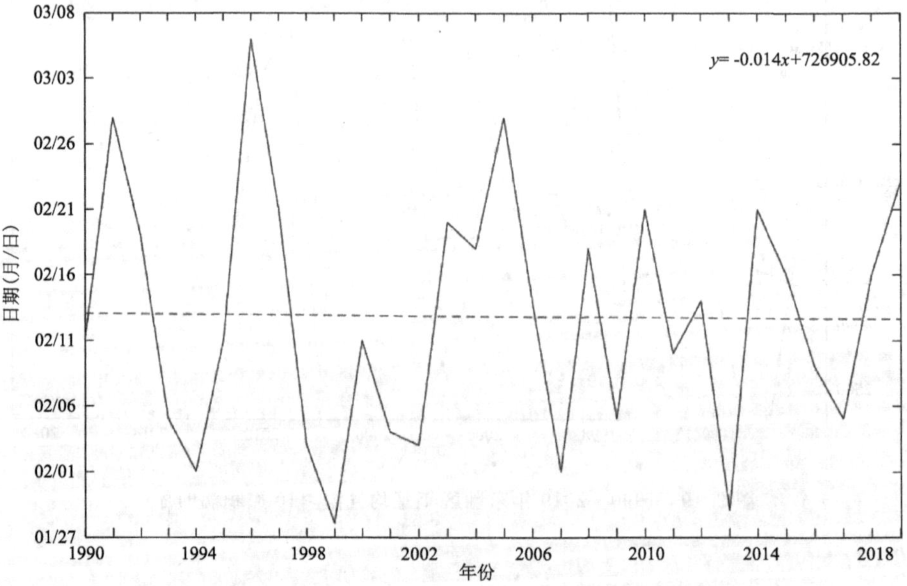

图 2.21　1990—2019 年东胜区最大冻土深度首次出现日期时序

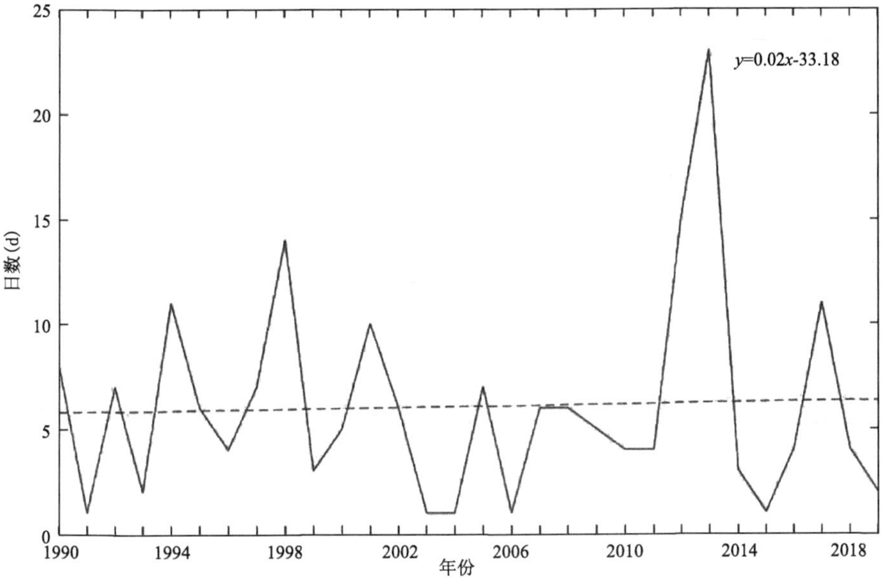

图 2.22　1990—2019 年东胜区最大冻土深度出现日数时序

2.9　日照

东胜区近 30 年平均日照时数为 3036.17 h，即平均每天日照约 8.32 h。东胜区的年日照时数呈显著减少趋势，减少速率为 49.3 h/10a（图 2.23）。最大年日照时数出现在 1999 年（3301.4 h）；最小年日照时数出现在 2019 年（2844.6 h），极差 456.8 h。

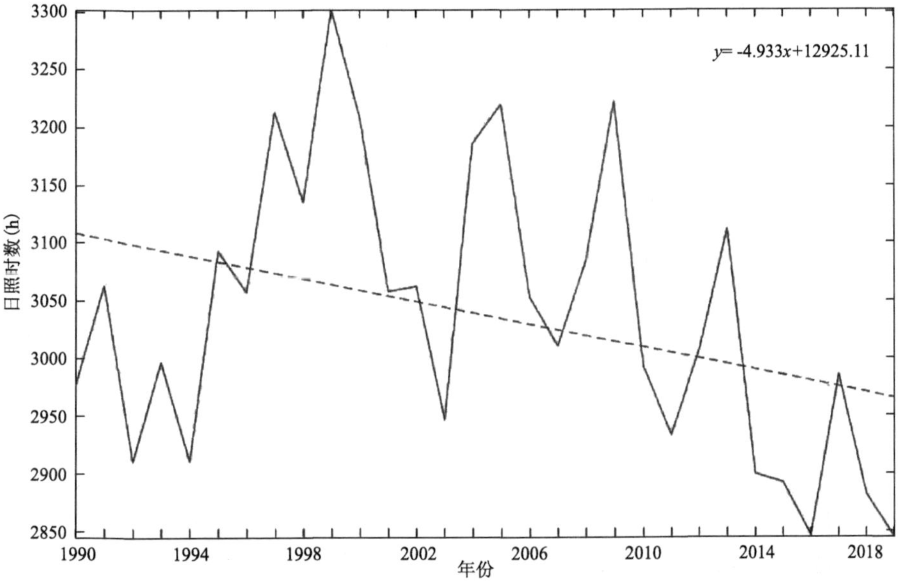

图 2.23　1990—2019 年东胜区年日照时数时序

2.10　天气现象

1. 沙尘

东胜区近 30 年沙尘天气呈显著减少趋势，其中平均年浮尘日数仅为 0.63 d/a，最大年浮尘日数为 7 d，出现在 2001 年，其余年份浮尘出现日数均小于 3 d(图 2.24)。近 30 年年扬沙日数总体呈减少的趋势(图 2.25)，减少的速率为 5.6 d/10a，但 2018—2019 年扬沙日数有上

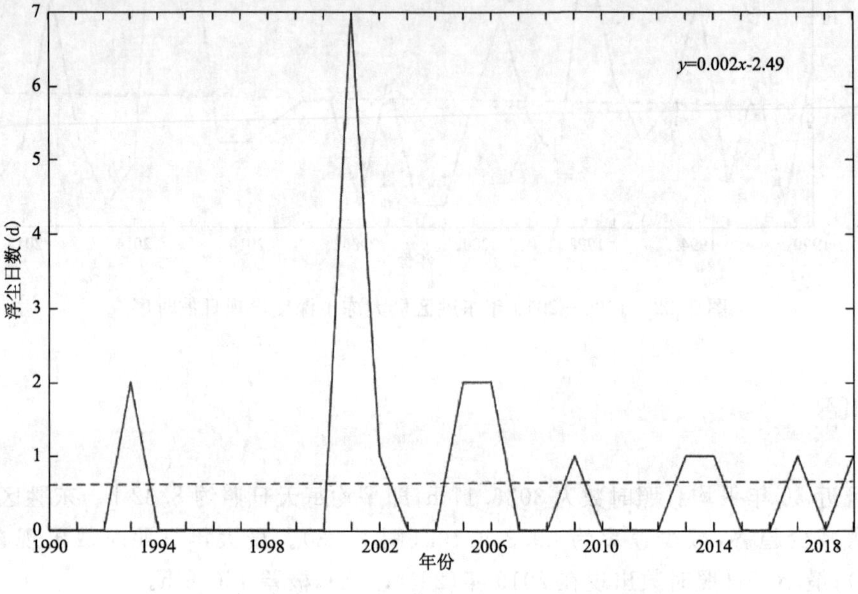

图 2.24　1990—2019 年东胜区年浮尘日数时序

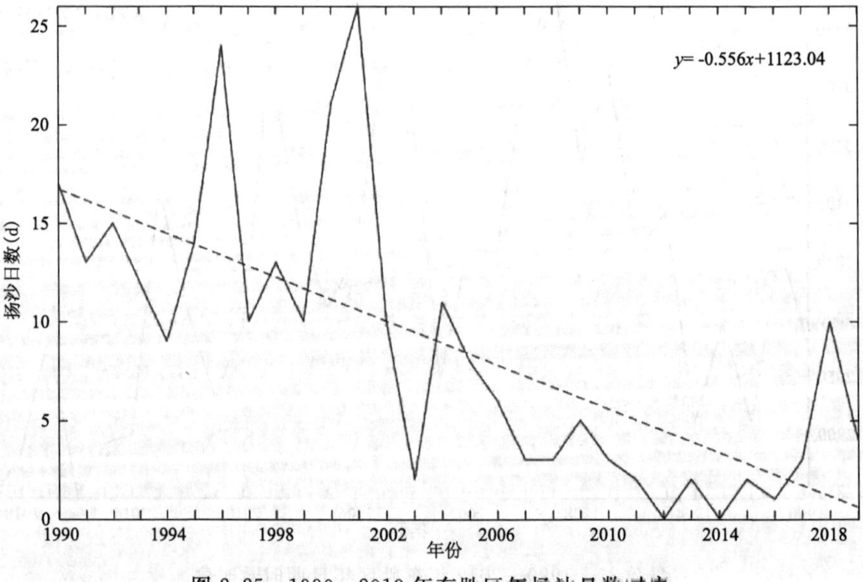

图 2.25　1990—2019 年东胜区年扬沙日数时序

升的趋势，平均年扬沙日数为 6.1 d；最大年扬沙日数为 26 d，出现在 2001 年。东胜地区出现沙尘暴天气较少(图 2.26)，近 30 年有 11 年出现沙尘暴天气，共出现沙尘暴天气 23 d，且 2011—2019 年未出现沙尘暴天气。

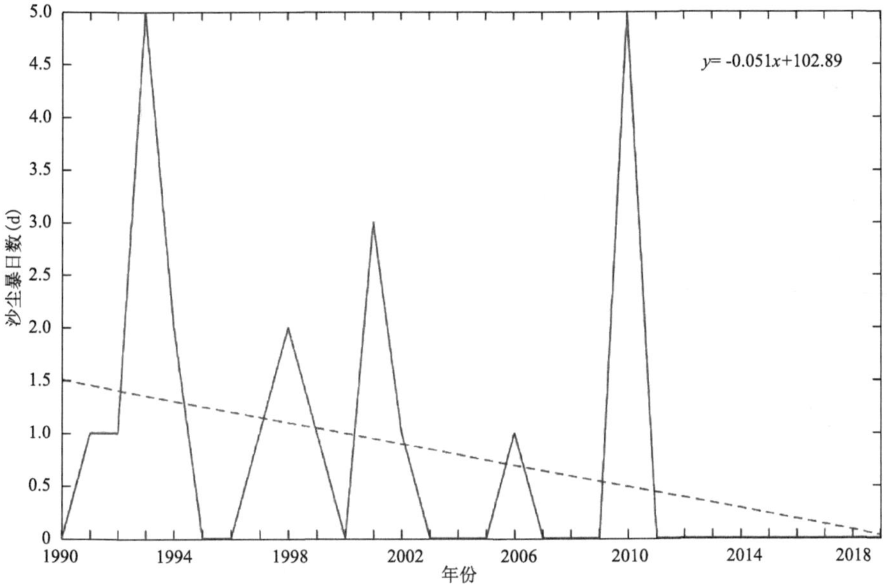

图 2.26　1990—2019 年东胜区年沙尘暴日数时序

2. 霜冻

东胜区近 30 年平均年霜期为 51 d，呈缩短的趋势(图 2.27)，缩短速率为 15.6 d/10a。近 30 年平均初霜日和平均终霜日分别为 10 月 6 日和 4 月 1 日，其中初霜日呈延后的趋势，速率

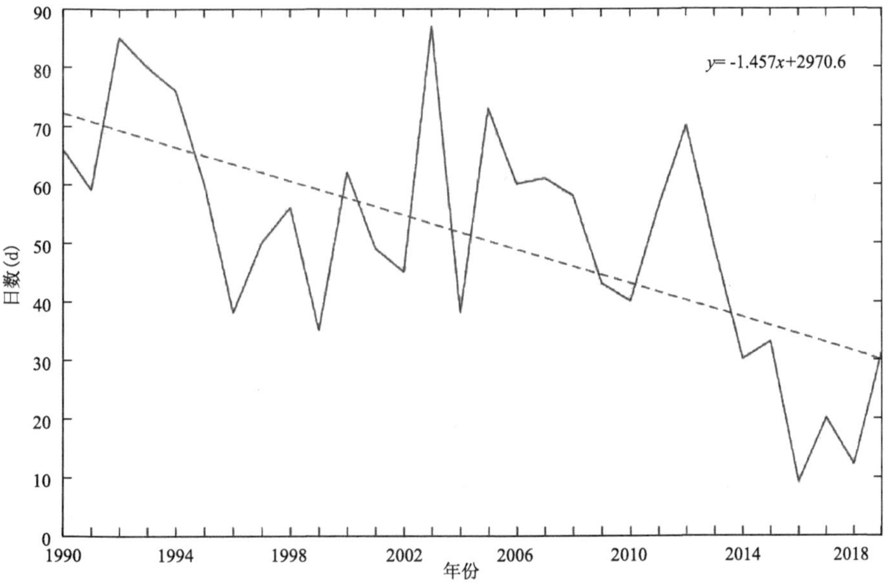

图 2.27　1990—2019 年东胜区年霜期日数时序

为 3.89 d/10a(图 2.28),终霜日呈现提前的趋势,速率为 8.39 d/10a(图 2.29),终霜日提前、初霜日推后,霜期缩短。

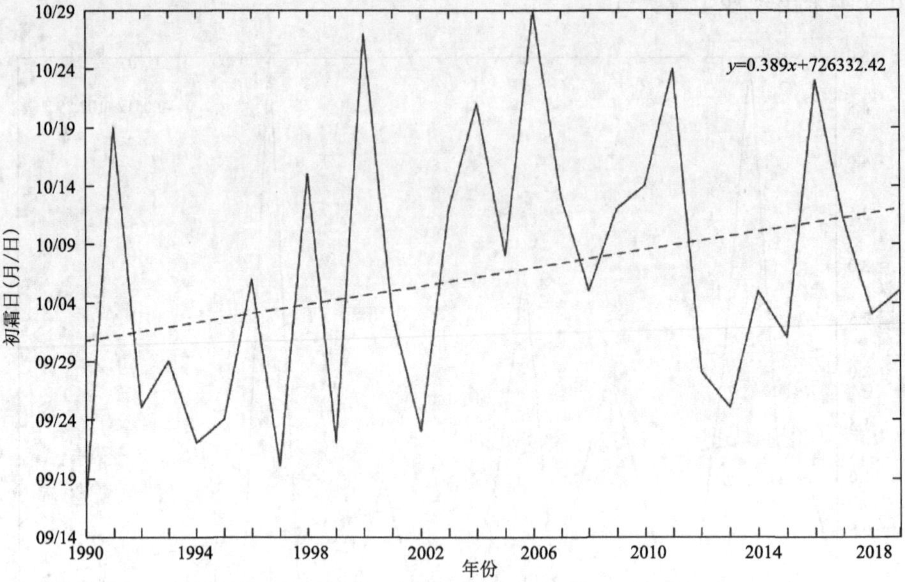

图 2.28 1990—2019 年东胜区初霜日时序

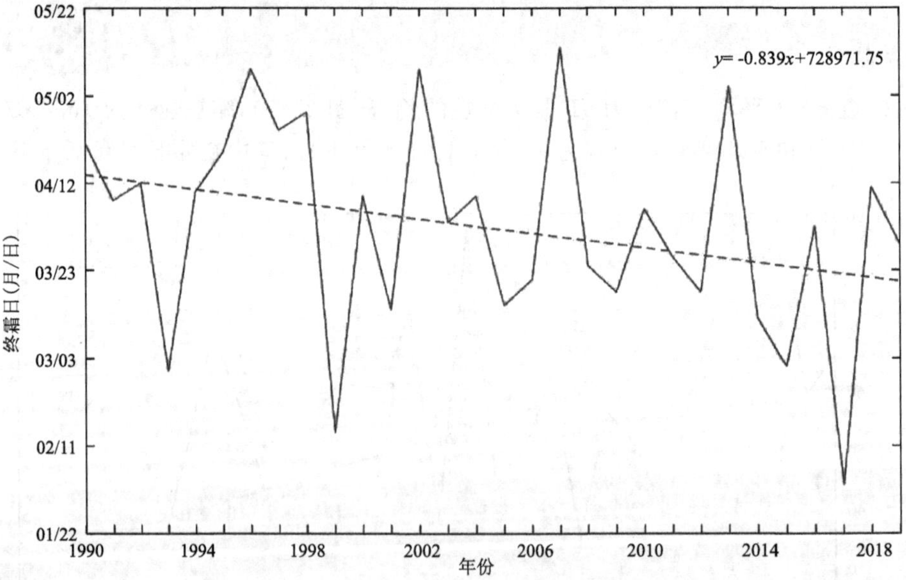

图 2.29 1990—2019 年东胜区终霜日时序

第 3 章　准格尔旗气象要素特点分析

准格尔(蒙古语意为“左翼、左手”)旗,旧称鄂尔多斯左翼前旗,位于鄂尔多斯市东部,属于典型的半干旱气候地区。北与包头市、东与呼和浩特市隔黄河相望,东南、南部与山西省的偏关县与河曲县以河为界,西南与陕西省的府谷县接壤,西部与伊金霍洛旗、东胜区、达拉特旗交界。东西长 115.2 km,南北宽 116.5 km,总面积 7692 km^2。

准格尔旗地处中温带和鄂尔多斯高原东测斜坡上,海拔高度相对较低,故气温较高,四季分明,无霜期较长,日照充足,积温有效性高,降水量较小。

3.1　风

对准格尔旗气象观测资料的统计研究表明,在过去 30 年,准格尔旗年平均风速整体呈上升趋势,增长速率为 0.2 (m/s)/10a(图 3.1)。2006—2009 年该地区年平均风速波动幅度较小,平均风速为 2 m/s,2005 年出现急剧增大,其中大值出现在 2005 和 2010 年,为 2.7 m/s,最小值出现在 2003 年,为 1.2 m/s,年大风平均日数达到 11.35 d(图 3.2)。年平均最大风速变化呈上升趋势,变化速率为 0.2(m/s)/10a(图 3.3)。年平均极大风速呈下降

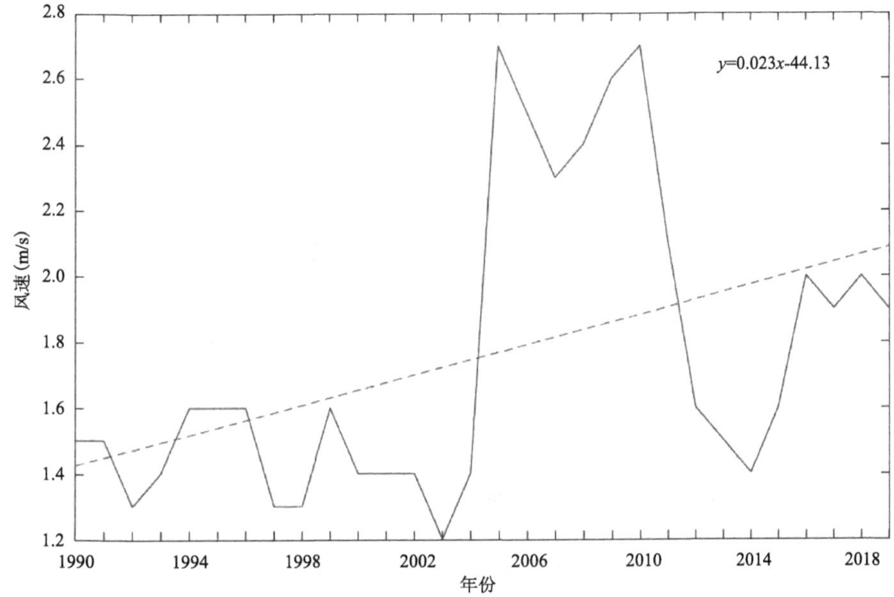

图 3.1　1990—2019 年准格尔旗年平均风速时序

趋势，变化速率为－3.6 (m/s)/10a(图 3.4)，且在 2010—2013 年出现急剧下降，具有明显的季节变化特点，极大风速多出现在 5—6 月，最大风速多出现在 3—5 月。统计多年平均风向频率(图 3.5)，准格尔旗风向主要集中在西北和西西北向，所占频率分别为 8.1％和 7.9％。

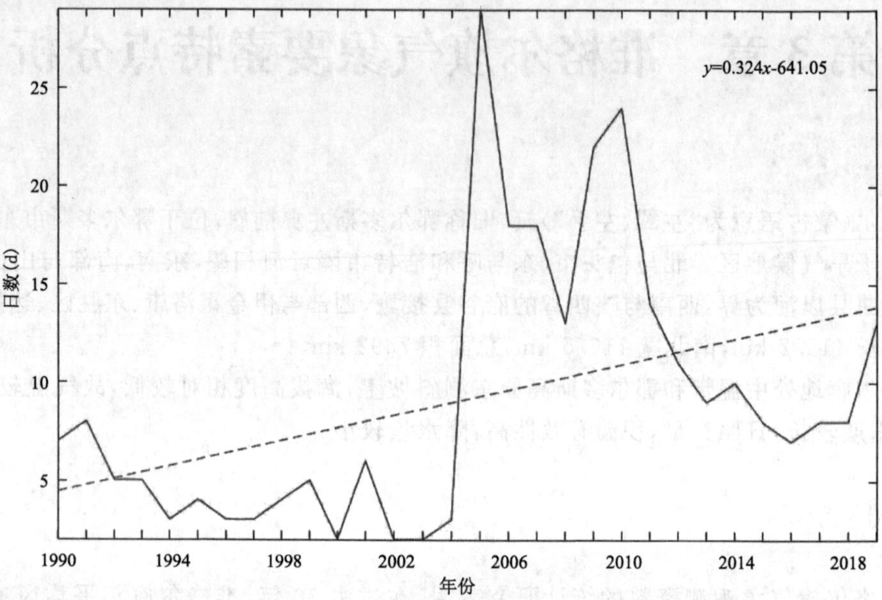

图 3.2　1990—2019 年准格尔旗年大风日数时序

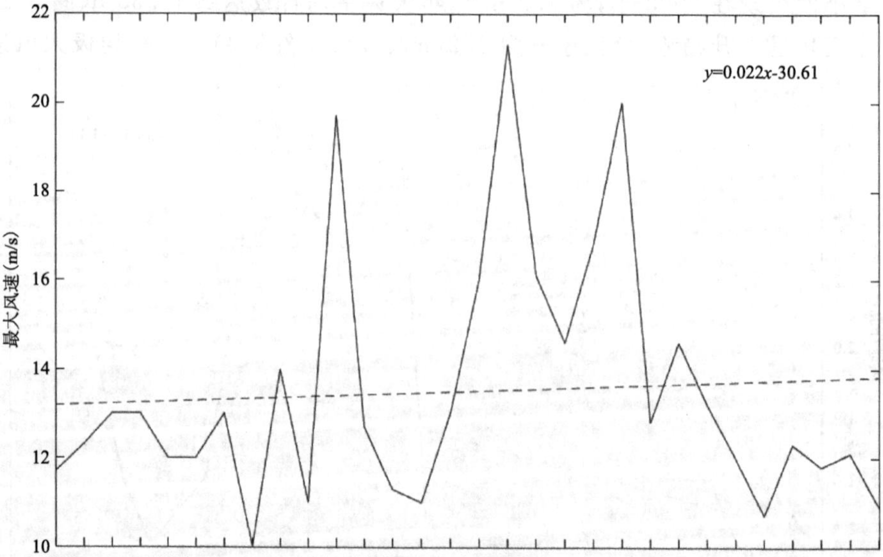

图 3.3　1990—2019 年准格尔旗年平均最大风速时序

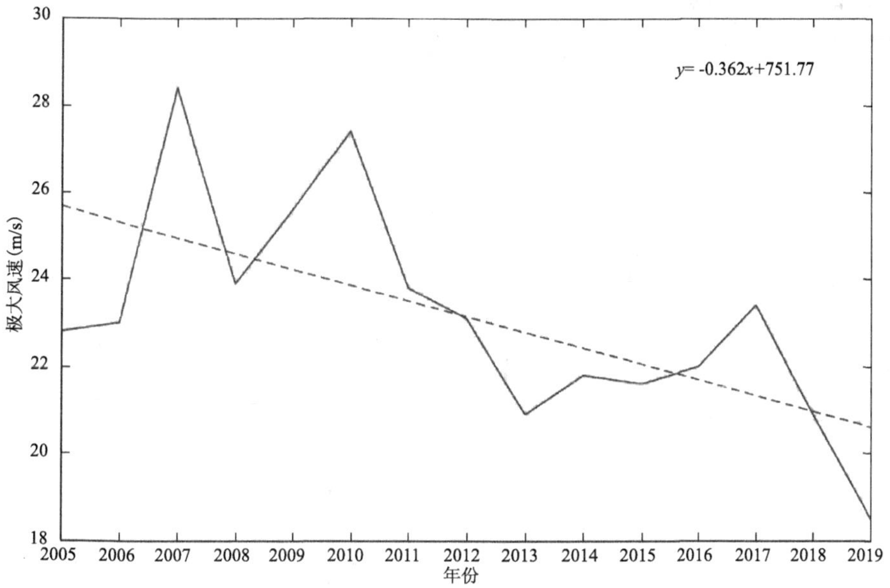

图 3.4　2005—2019 年准格尔旗年平均极大风速时序

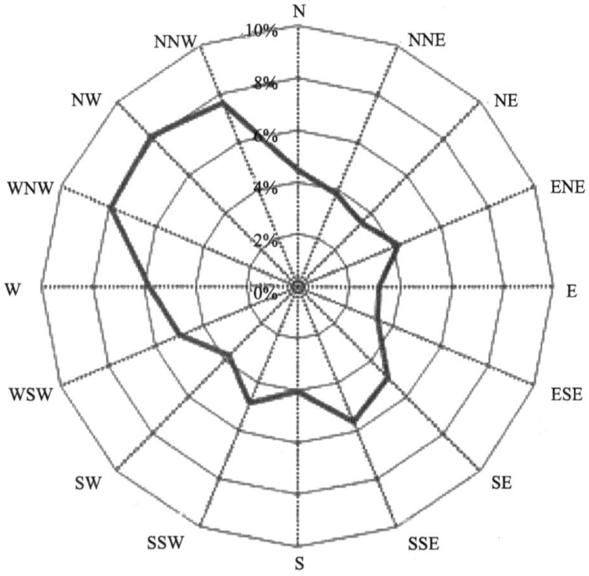

图 3.5　1990—2019 年准格尔旗平均风向频率

3.2　降水

准格尔旗近 30 年平均年降水量为 411.8 mm(图 3.6)。降水主要集中在 7—8 月，占全年降水总量的 84.7%以上，最大日降水量为 91.1 mm，出现在 2012 年 7 月 21 日。2016 年为 30 年间年降水量最多年(图 3.6)，为 640.8 mm；2000 年最小，仅 251.1 mm，两者相差389.7 mm。

分析准格尔旗 30 年年降水量距平时序(图 3.7),1992—2008 年年降水量负距平年数较多,说明此时段降水以偏少为主,2010—2019 年年降水量正距平年数较多,说明最近 10 年准格尔旗降水偏多。

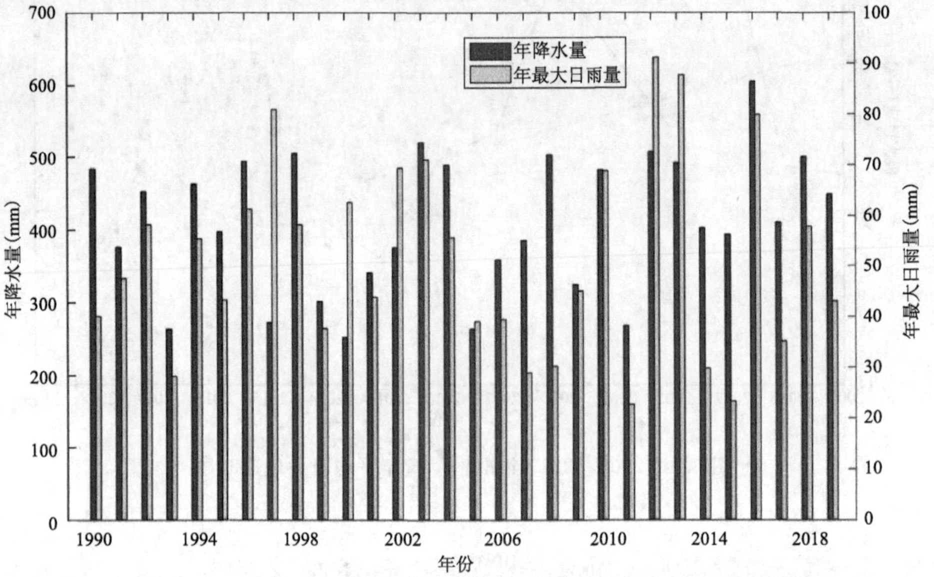

图 3.6　1990—2019 年准格尔旗年降水量和最大日雨量时序

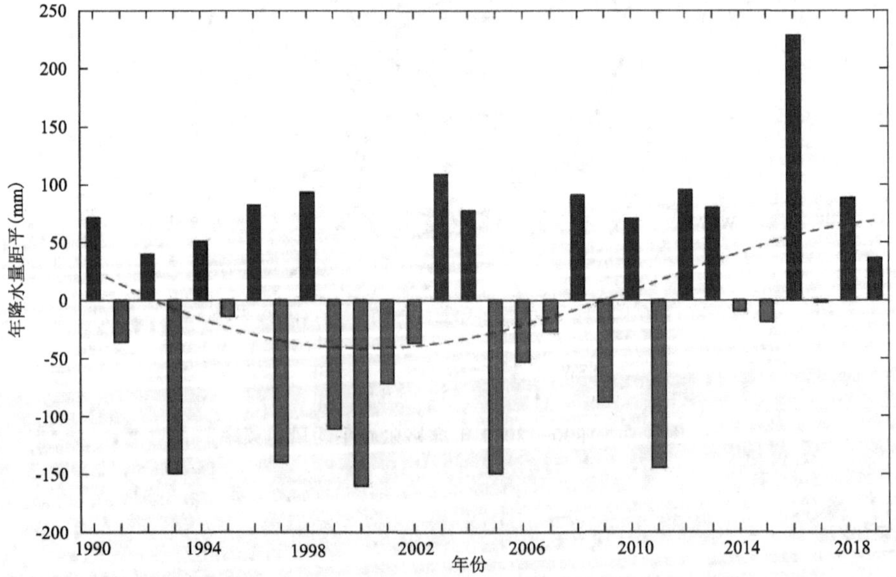

图 3.7　1990—2019 年准格尔旗年降水量距平时序

3.3 积雪

准格尔旗近 30 年积雪初日从整体上看呈延后趋势，年平均积雪初日出现在 11 月 3 日，最早为 2002 年 10 月 25 日，最晚为 1998 年 3 月 8 日，积雪初日最早最晚出现时间相差 134 d(图 3.8)。年积雪终日整体也呈延后趋势，平均积雪终日为 3 月 10 日，最早为 2012 年 1 月 30 日，最晚为 2009 年 4 月 27 日，积雪终日最早和最晚出现时间相差 88 d(图 3.9)。积雪日数整体

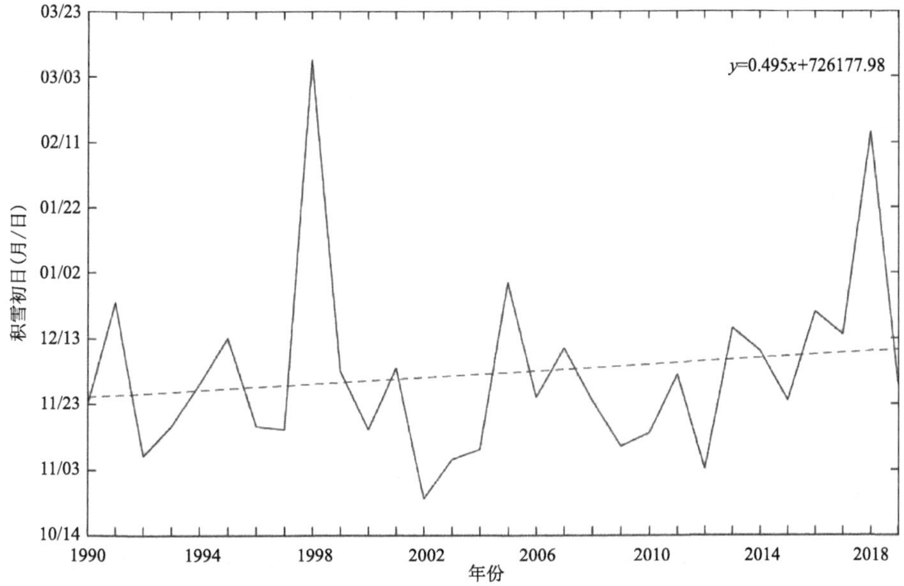

图 3.8 1990—2019 年准格尔旗积雪初日时序

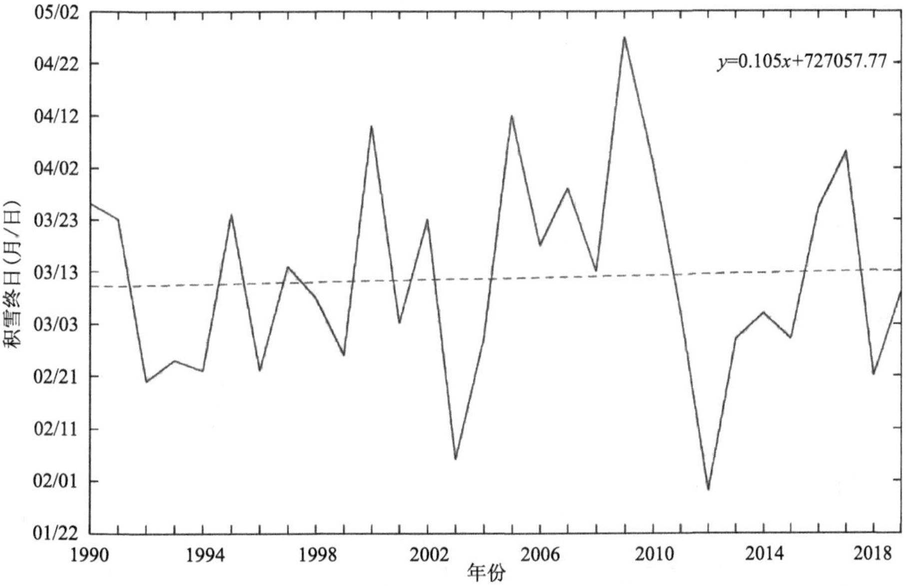

图 3.9 准格尔旗年 30 年(1990—2019)积雪终日时序

呈下降趋势，平均积雪日数为 33.1 d，最多出现在 2003、2005 和 2012 年，均为 58 d，最少出现在 1995 年，仅 11 d(图 3.10)。

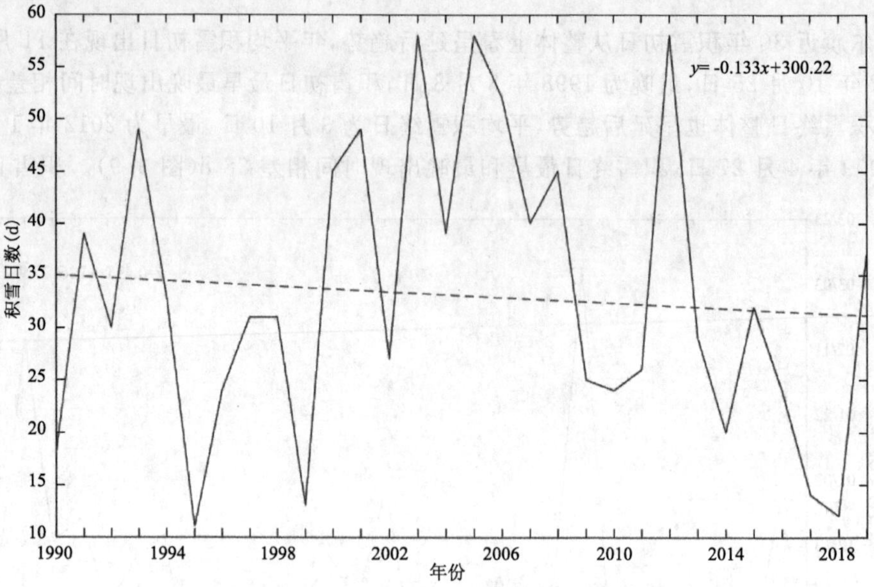

图 3.10　1990—2019 年准格尔旗积雪日数时序

3.4　湿度

准格尔旗近 30 年平均相对湿度为 52.3%。总体而言，准格尔旗相对湿度的年际变化呈下降趋势。平均相对湿度最大值出现在 2003 年，为 62%，最小值出现在 2014 年，为 45%，该地区的年平均湿度最大峰值与最小峰值相差 17 个百分点(图 3.11)。

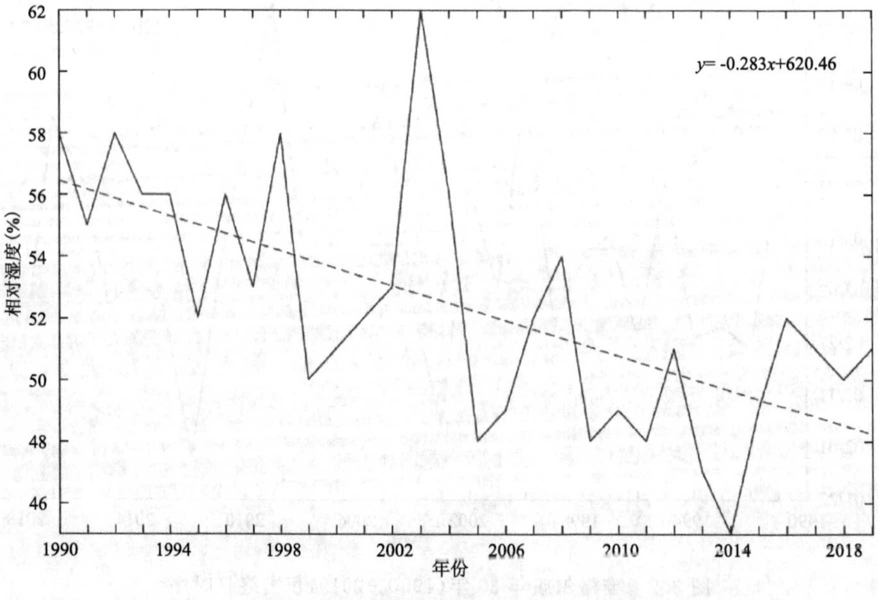

图 3.11　1990—2019 年准格尔旗年平均相对湿度时序

3.5　气温

准格尔旗近 30 年平均气温 8.0 ℃，年平均气温呈现缓慢上升趋势，气温升温率为 0.05 ℃/10a，年平均气温最高为 9.2 ℃，出现在 1998 和 1999 年；最低为 6.9 ℃，出现在 2008 年和 2012 年(图 3.12)。准格尔旗年平均最低气温(图 3.13)和最高气温(图 3.14)分别呈现上升和下降趋势，升温率分别为 0.5 ℃/10a 和－0.6 ℃/10a。

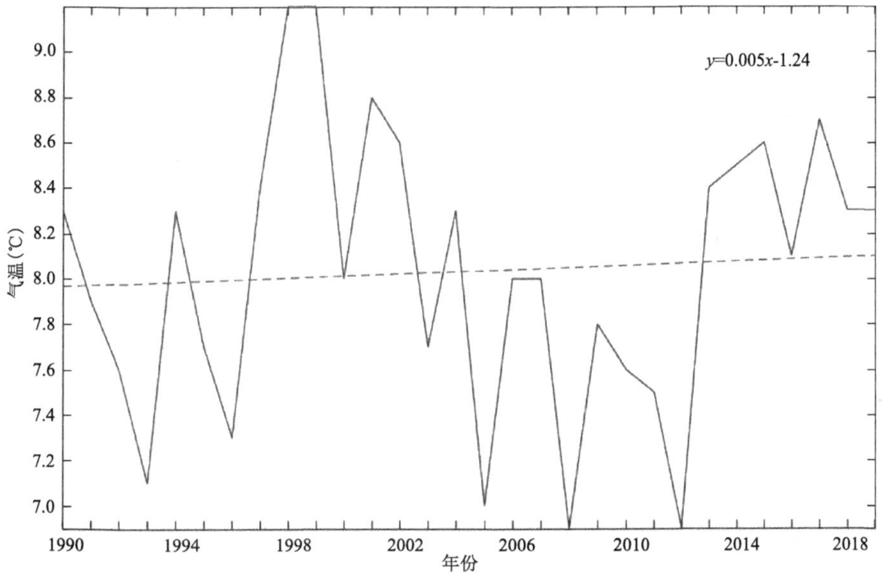

图 3.12　1990—2019 年准格尔旗年平均气温时序

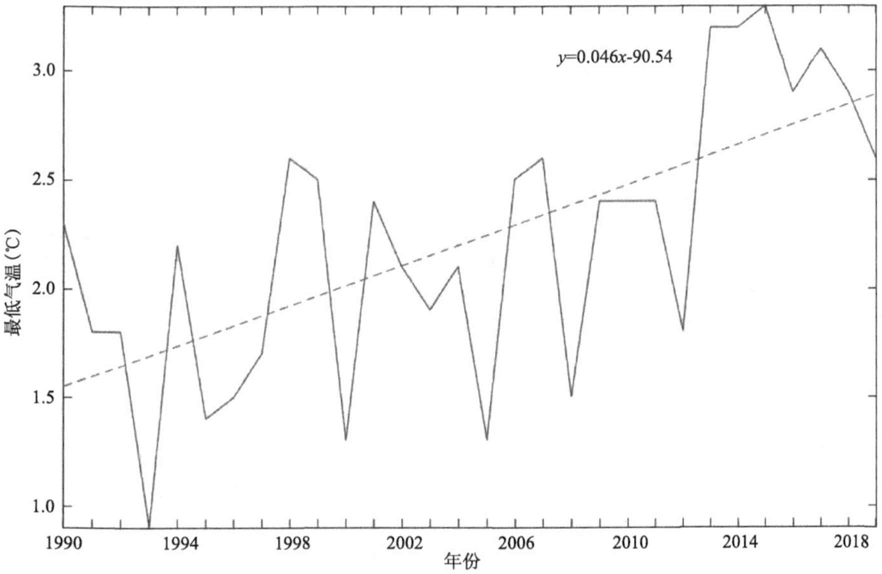

图 3.13　1990—2019 年准格尔旗年平均最低气温时序

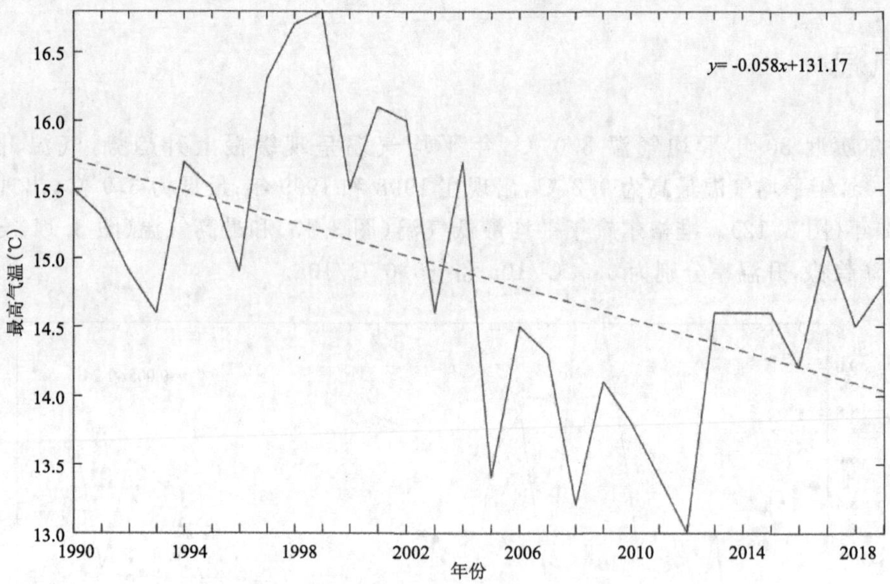

图 3.14　1990—2019 年准格尔旗年平均最高气温时序

3.6　地表温度

准格尔旗近 30 年平均地表温度为 10.3 ℃，年平均地表温度呈下降趋势，下降速率为 0.2 ℃/10a。年平均地表温度最低为 8.8 ℃，出现在 2008 年，年平均地表温度最高出现在 1999 年，为 12.2 ℃(图 3.15)。近 30 年准格尔旗年平均最低地表温度呈上升趋势，上升速率为 0.8 ℃/10a(图 3.16)，但是年平均最高地表温度呈下降的趋势，下降速率为 1.5 ℃/10a(图 3.17)。

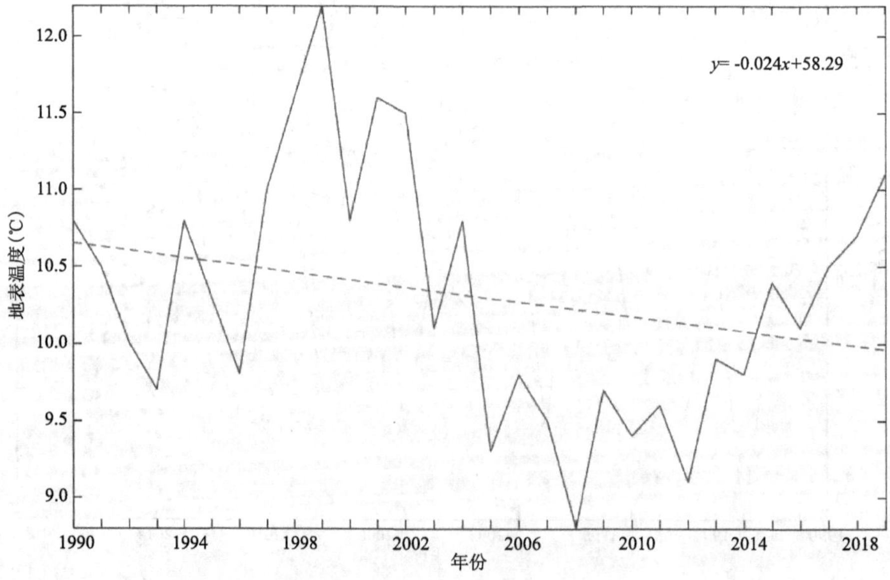

图 3.15　1990—2019 年准格尔旗年平均地表温度时序

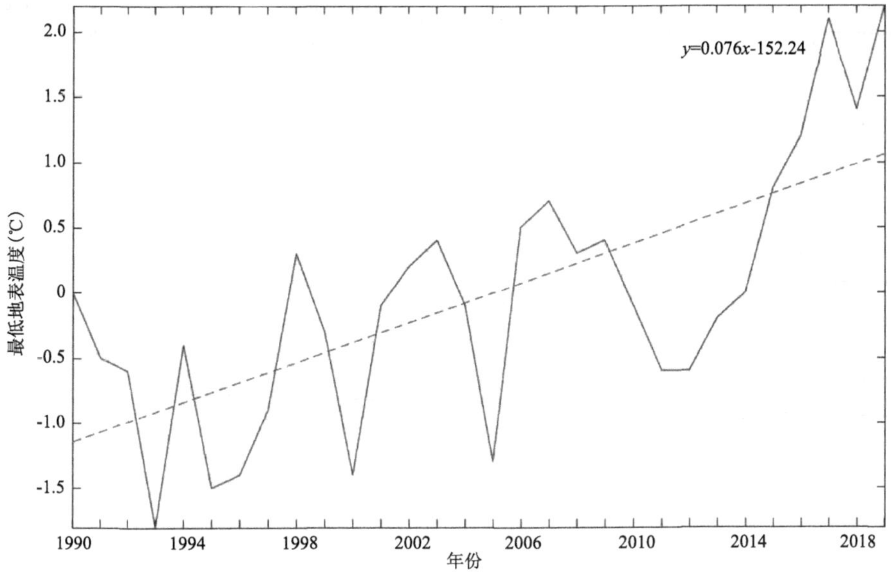

图 3.16　1990—2019 年准格尔旗年平均最低地表温度时序

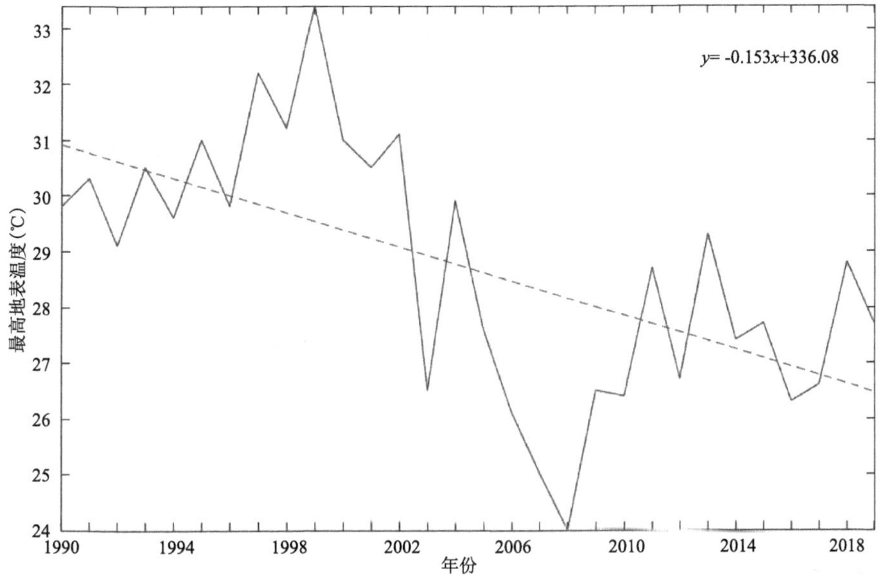

图 3.17　1990—2019 年准格尔旗年平均最高地表温度时序

3.7　积温

准格尔旗日平均气温稳定通过 0 ℃和 10 ℃的年平均积温分别为 3540.8～4056.2 ℃ · d、2611.3～3694.1 ℃ · d。分析近 30 年≥0 ℃积温数据，该地区≥0 ℃积温呈下降趋势，下降速率为 3.4 ℃ · d /10a。其≥0 ℃积温最大值出现在 1999 年，为 4056.2 ℃ · d；最小值出现在

2008 年，为 3540.8 ℃ · d(图 3.18)。该地区≥10 ℃积温也呈下降趋势，其≥10 ℃积温最大值出现在 1998 年，为 3694.1 ℃ · d；最小值出现在 2008 年，为 2611.3 ℃ · d(图 3.19)。

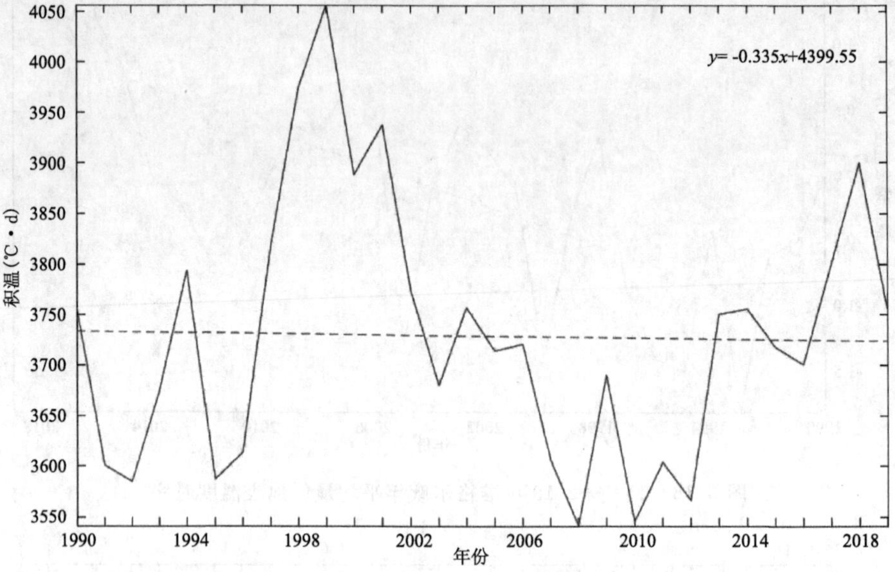

图 3.18 1990—2019 年准格尔旗年平均气温≥0 ℃积温时序

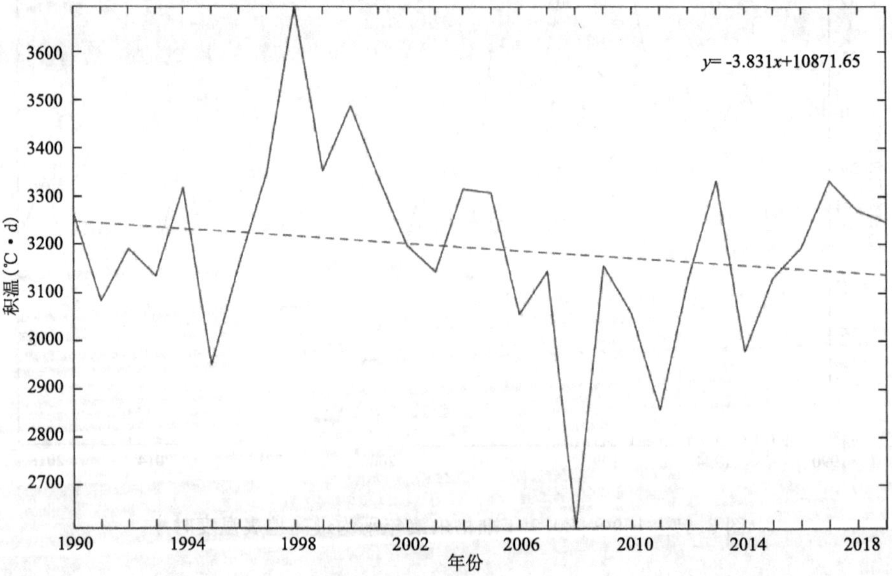

图 3.19 1990—2019 年准格尔旗年平均气温≥10 ℃积温时序

3.8 冻土

分析准格尔旗近 30 年年最大冻土深度首次出现日期(图 3.20)、最大冻土深度(图 3.21)、年最大冻土出现日数(图 3.22),该地区最大冻土出现时间呈延后的趋势,1999 年出现最早;最大冻土深度呈现逐年增大趋势,冻土深度变化率为 2.4 cm/10a,最大冻土深度平均为 112.1 cm。

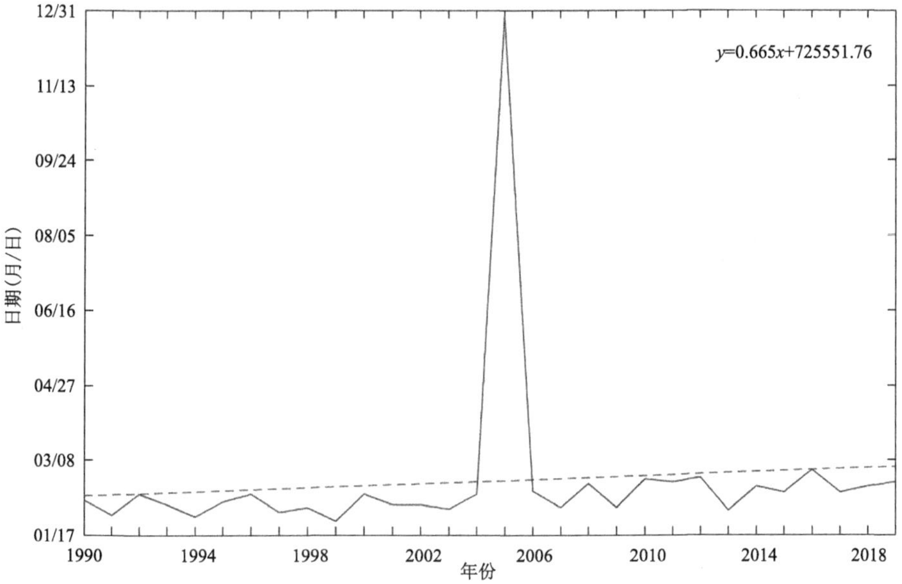

图 3.20　1990—2019 年准格尔旗年最大冻土深度首次出现日期时序

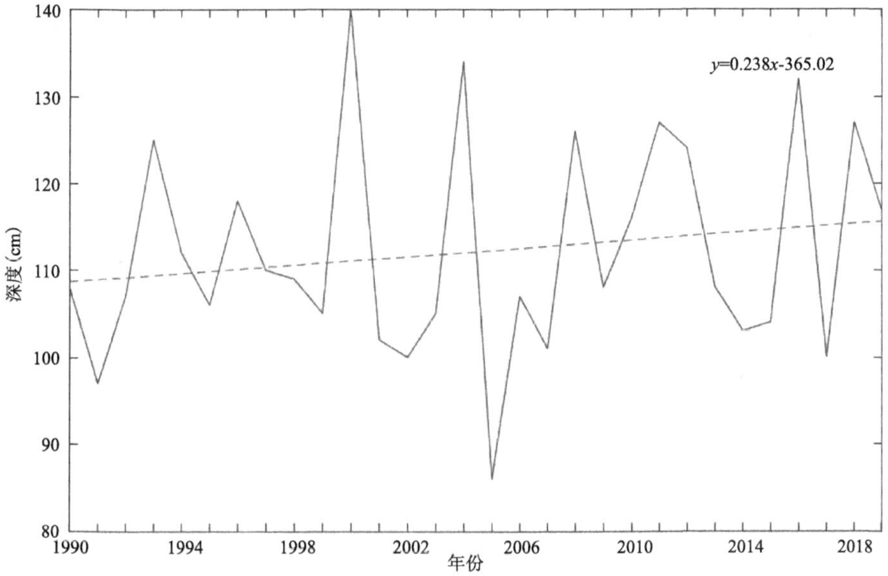

图 3.21　1990—2019 年准格尔旗最大冻土深度时序

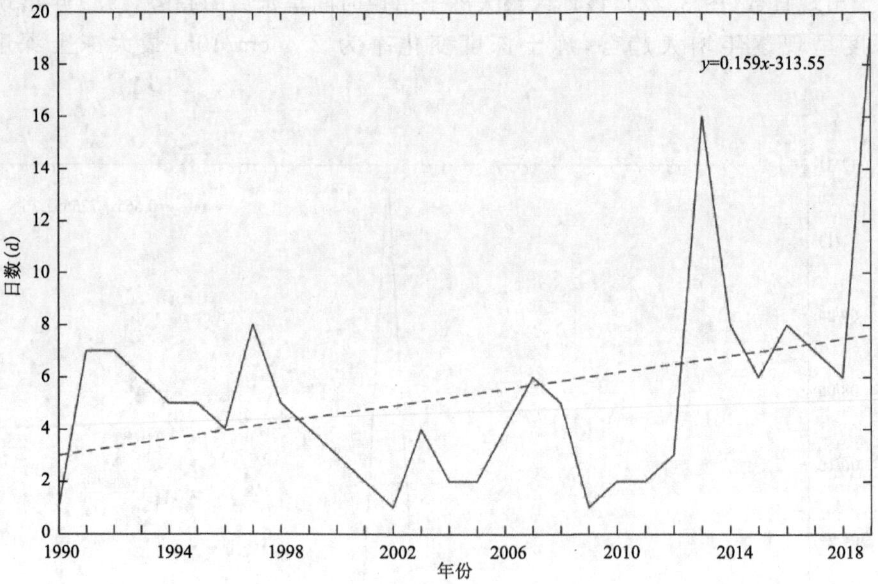

图 3.22　1990—2019 年准格尔旗年最大冻土深度出现日数时序

3.9　日照

准格尔旗近 30 年年日照时数为 2877.1 h，即平均每天日照约 7.88 h(图 3.23)。2009—2010 年准格尔旗年日照时数呈显著减少的趋势，减少速率为 5.5 h/10a。最大年日照时数出现在 2005 年(3130.7 h)；最小年日照时数出现在 2010 年(2650.9 h)，极差 479.8 h。

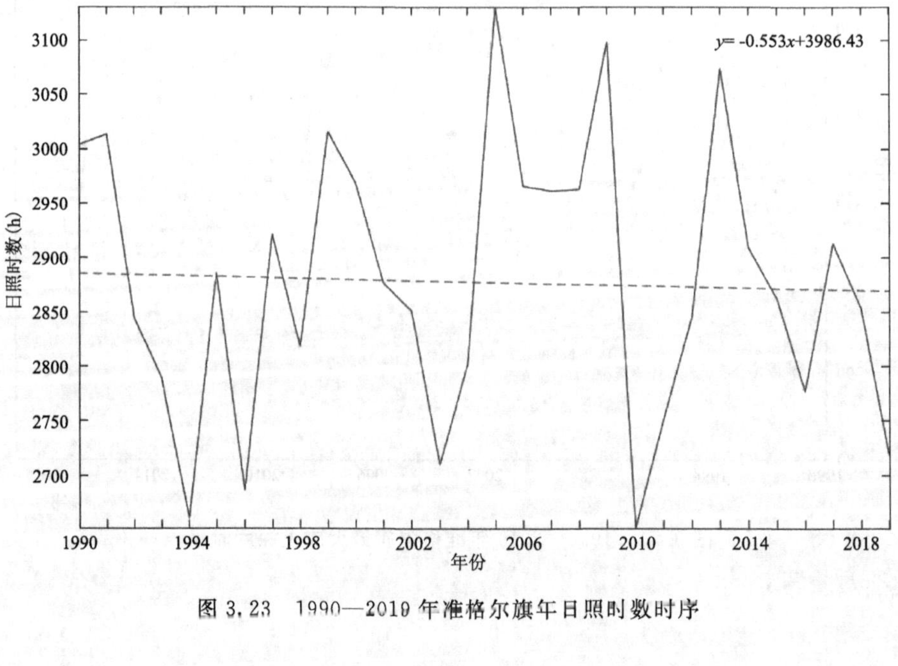

图 3.23　1990—2019 年准格尔旗年日照时数时序

3.10　天气现象

1. 沙尘

准格尔旗近 30 年沙尘日数总体呈减少趋势。1995—1996 年沙尘呈显著减少趋势，其中平均年浮尘日数仅为 2.6 d，最大年浮尘日数为 13 d，出现在 1995 年，其余年份浮尘出现日数均少于 11 d(图 3.24)。近 30 年年扬沙日数总体呈减少的趋势(图 3.25)，减少速率为 4.6 d/10a，

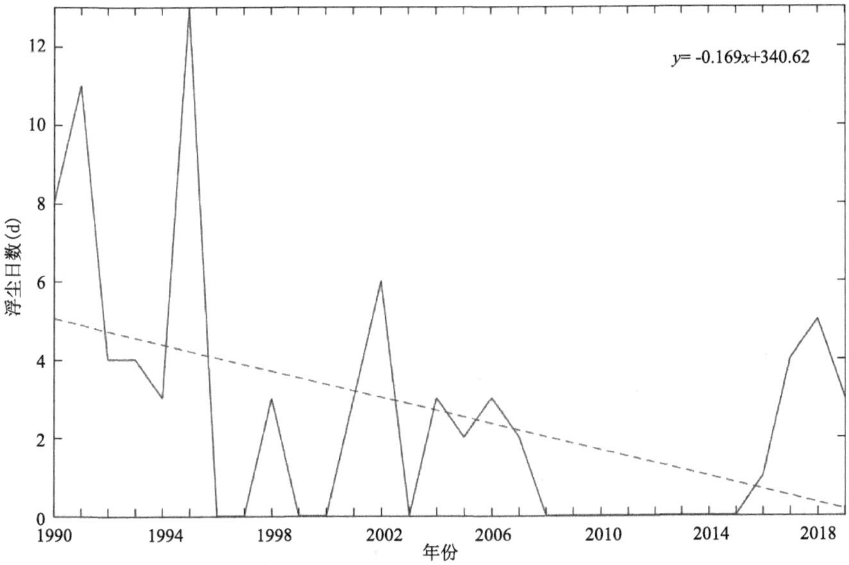

图 3.24　1990—2019 年准格尔旗年浮尘日数时序

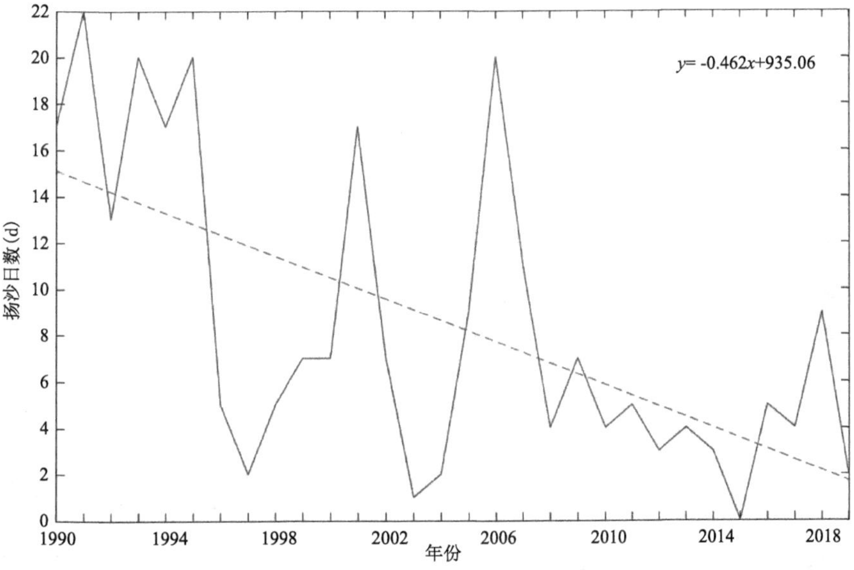

图 3.25　1990—2019 年准格尔旗年扬沙日数时序

但近几年(2015—2018 年)扬沙日数有上升的趋势,平均年扬沙日数为 8.4 d;最大年扬沙日数为 22 d,出现在 1991 年。准格尔旗出现沙尘暴天气较少(图 3.26),近 30 年仅有 8 年出现沙尘暴天气,共出现沙尘暴天气 12 d,且 2011—2019 年未出现沙尘暴天气。

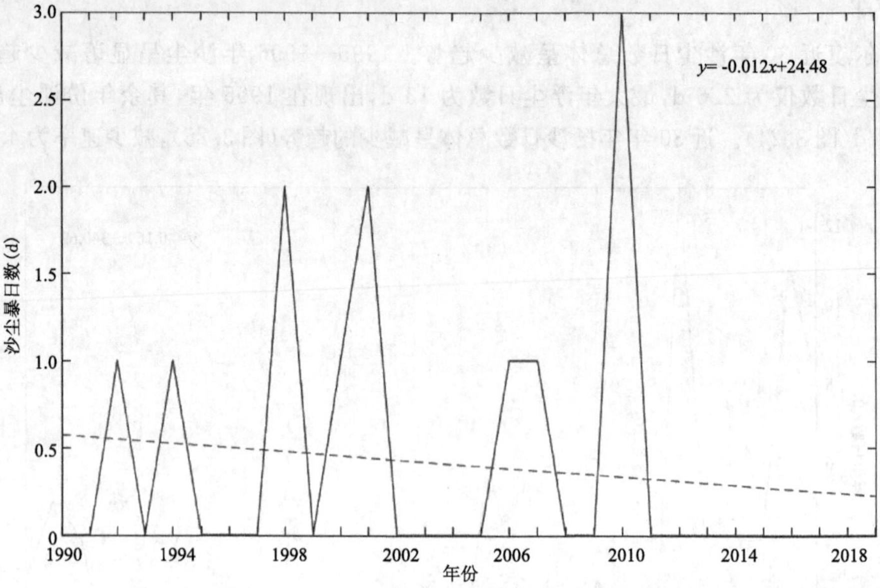

图 3.26　1990—2019 年准格尔旗年沙尘暴日数时序

2. 霜冻

准格尔旗近 30 年平均年霜期为 63.0 d,其中最小值出现在 2014 和 2018 年,为 34 d,最大值出现在 2003 年,为 125 d,年霜期整体呈减逐年缩短趋势(图 3.27),缩短速率为14.7 d/10a。近

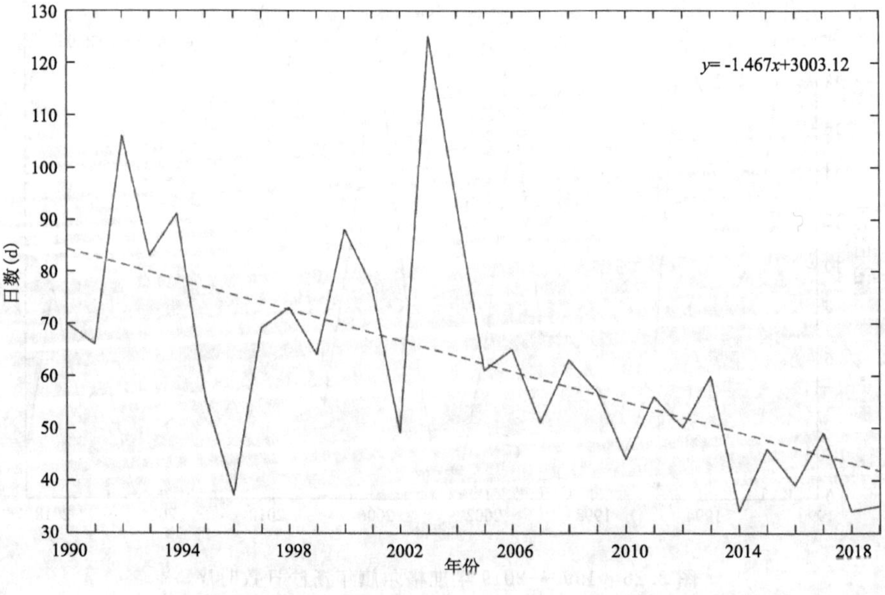

图 3.27　1990—2019 年准格尔旗年霜期日数时序

30 年初霜日(图 3.28)呈延后趋势,速率为 4.3 d/10a,终霜日(图 3.29)则呈提前趋势,速率为 6.9 d/10a,即初霜日逐渐推迟,终霜日提前,霜期缩短。

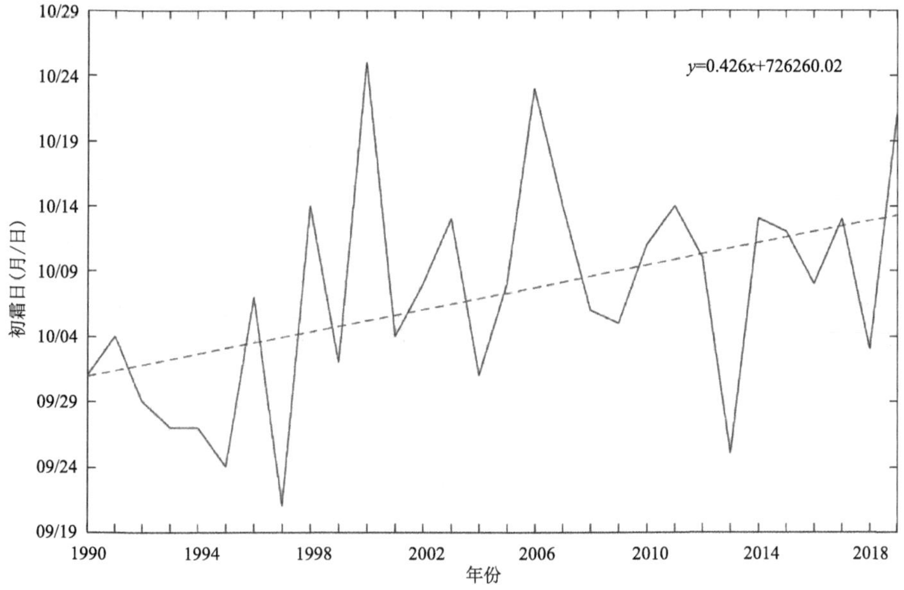

图 3.28　1990—2019 年准格尔旗年初霜日时序

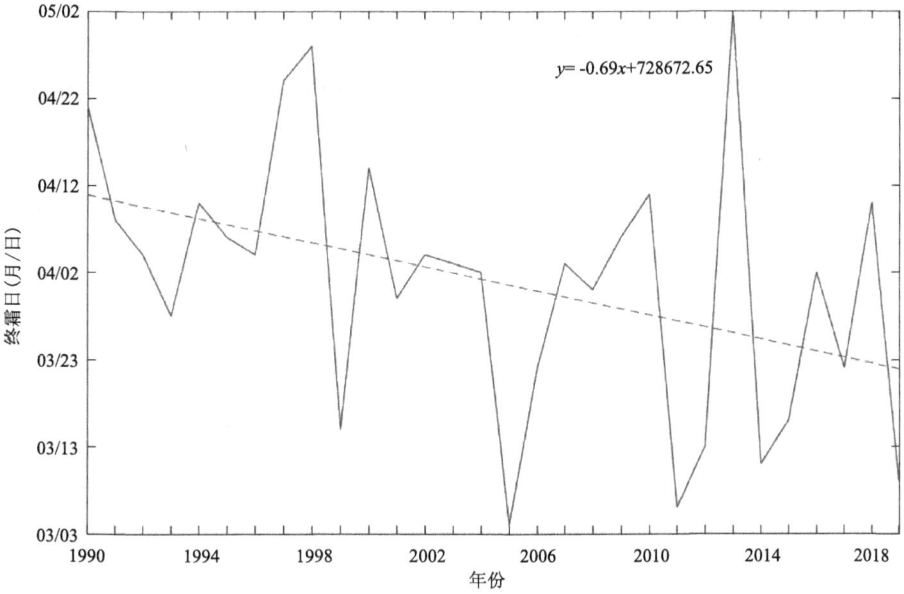

图 3.29　1990—2019 年准格尔旗年终霜日时序

第 4 章 达拉特旗气象要素特点分析

达拉特旗,旧称鄂尔多斯左翼后旗。位于黄河中游南岸,鄂尔多斯高原北端。东西长 133 km,南北宽 66 km,总面积为 8188 km^2。北与包头市隔黄河相望,南邻东胜区,东与准格尔旗接壤,西与杭锦旗交界。全旗总面积 8200 km^2,达拉特旗地形南高北低,海拔高度由 1500 m 降至 1000 m。

达拉特旗属典型的温带大陆性气候,干燥少雨,冬寒夏热,昼夜温差大,日照充足,降水量小。

4.1 风

对达拉特旗气象站观测资料的统计研究表明,在过去 30 年间,达拉特旗年平均风速呈下降趋势(图 4.1),下降速率为 0.24 (m/s)/10a。30 年平均风速为 2.03 m/s,2008—2012 年平均风速急剧下降至 1.4 m/s 后增至 2.3 m/s。平均风速最大值出现在 1991—1993 和 1995—1996 年,为 2.4 m/s;最小值出现在 2012 年,为 1.4 m/s。30 年年平均大风日数为 9.5 d(图

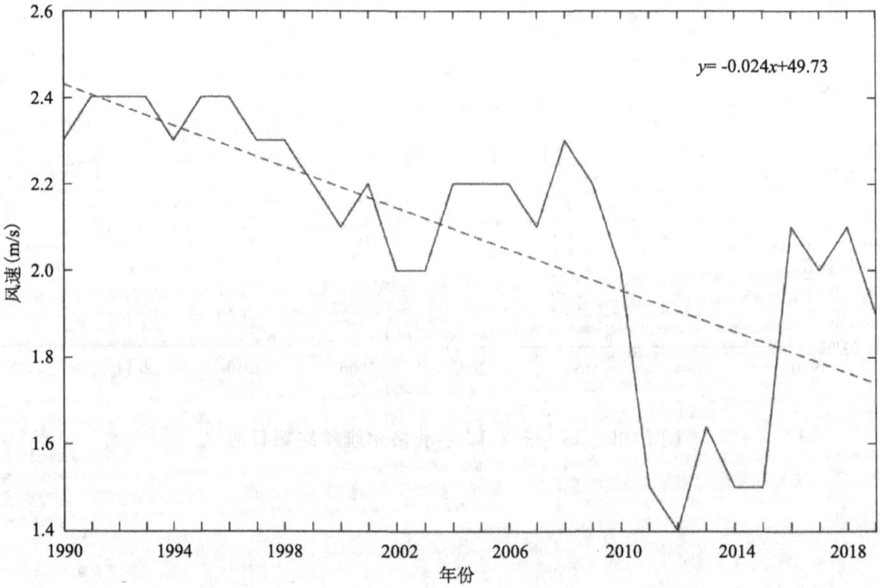

图 4.1 1990—2019 年达拉特旗年平均风速时序

4.2)，呈大幅度减少趋势，1998 年大风日数最多，达到 19 d，2014 年未有大风日。近 30 年达拉特旗的年平均最大风速(图 4.3)呈降低趋势，下降速率为 3.4 (m/s)/10a，年均最大风速出现在 1999 年，为 19.7 m/s。2005—2019 年年均极大风速同样呈下降趋势(图 4.4)，下降速率为 3.7 (m/s)/10a，2010 年年平均极大风速最大，为25.1 m/s。统计多年平均风向频率(图 4.5)，达拉特旗风向主要集中在东、西向，所占频率分别为 12%、13%。

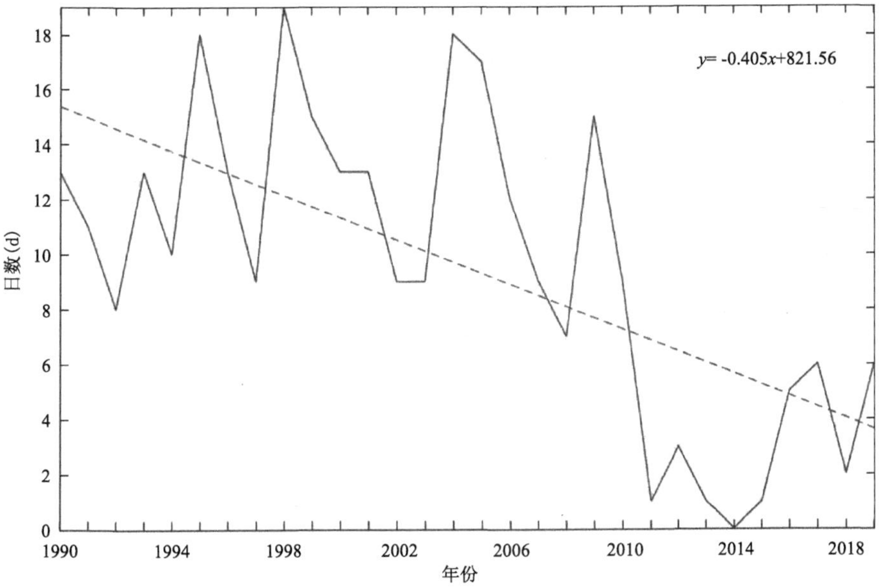

图 4.2　1990—2019 年达拉特旗年大风日数时序

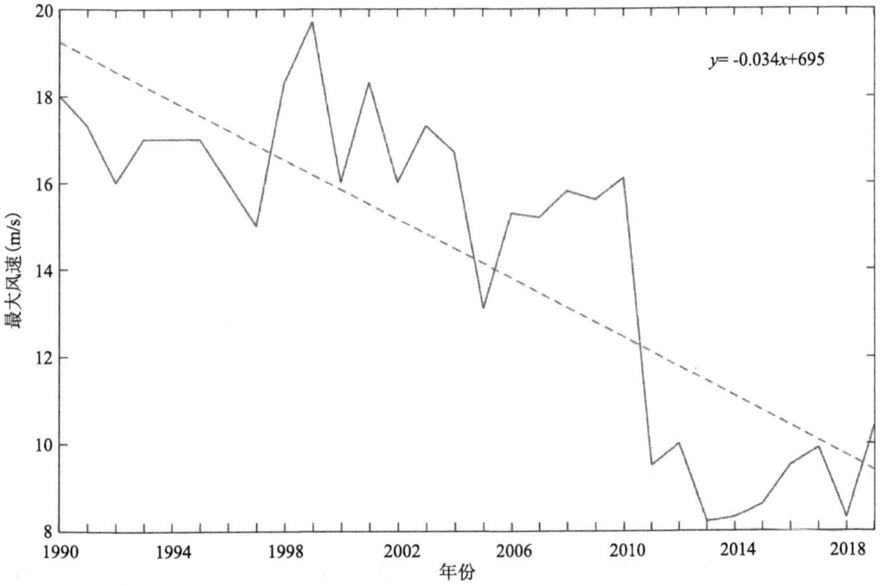

图 4.3　1990—2019 年达拉特旗年平均最大风速时序

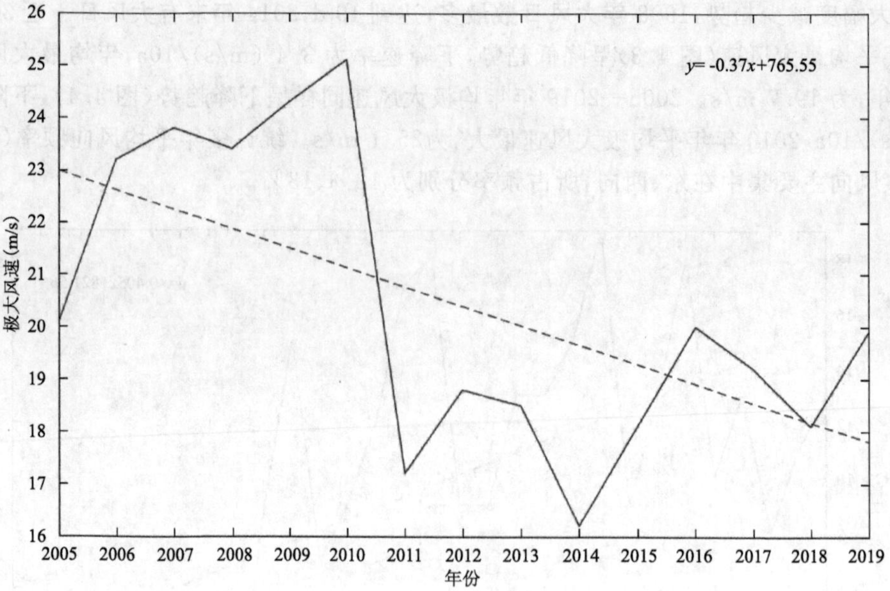

图 4.4　达拉特旗 2005—2019 年年平均极大风速时序

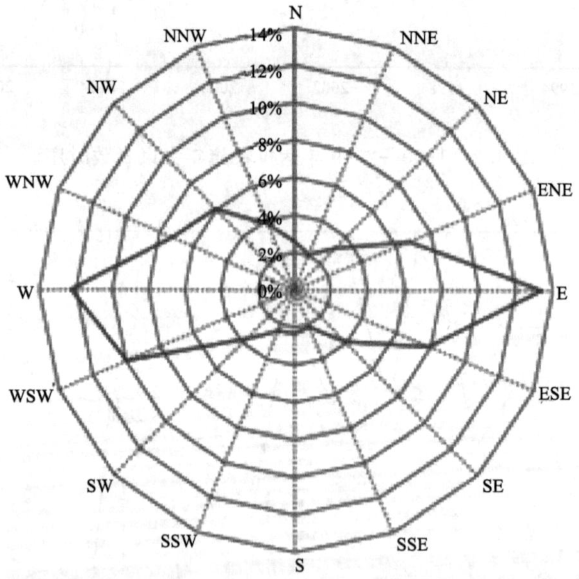

图 4.5　1990—2019 年达拉特旗平均风向频率

4.2　降水

达拉特旗近 30 年平均年降水量为 326.24 mm，降水主要集中在 6—8 月，占全年降水总量 70%以上，最大日雨量达到 83.8 mm，出现在 1998 年 7 月 5 日。年降水量最大值为 506.4 mm，出现在 2003 年，最小值仅为 191.8 mm，出现在 2005 年，相差达 314.6 mm(图 4.6)。通过分析达拉特旗 30 年降水量距平时序(图 4.7)可以发现，2005 年前正距平年数略多，即该时段年降水量大于近 30 年平均降水量，2005 年后负距平年数略多，即该时段年降水量小于近 30 年平均降水量。

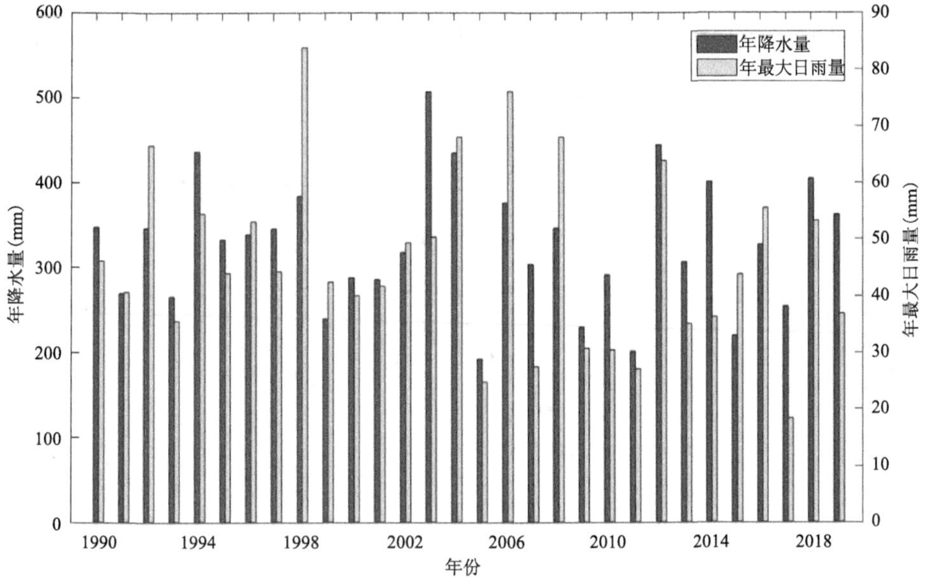

图 4.6　1990—2019 年达拉特旗年降水量和月最大日雨量时序

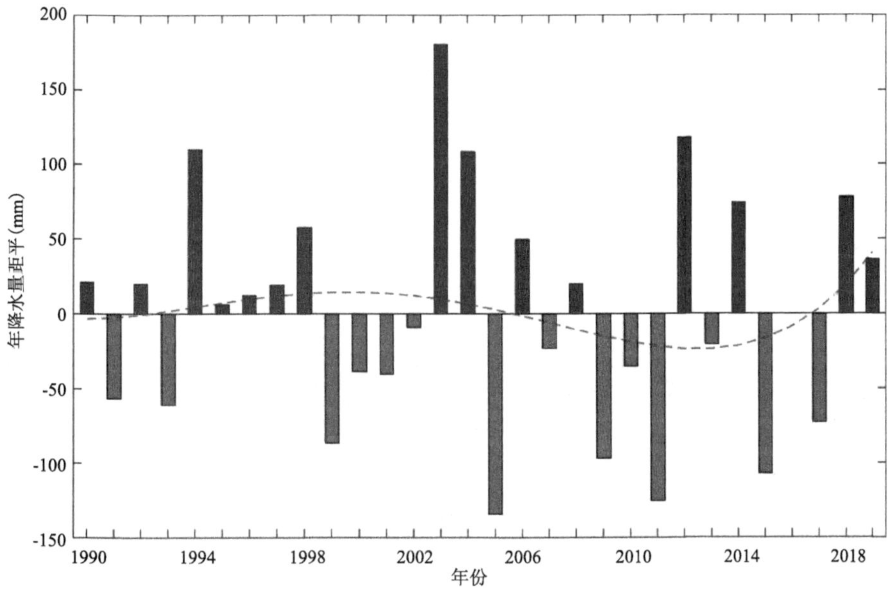

图 4.7　1990—2019 年达拉特旗年降水量距平时序

4.3　积雪

达拉特旗近 30 年积雪初日从整体上看有延后趋势，年平均积雪初日出现在 10 月 27 日，最早为 1992 年 10 月 21 日，最晚为 2017 年 1 月 21 日，积雪初日最早最晚出现时间相差 93 d（图 4.8）。平均积雪终日为 3 月 10 日，最早为 2017 年 1 月 22 日，最晚为 2009 年 4 月 26 日，积雪终日最早和最晚出现时间相差 95 d（图 4.9）。近 30 年达拉特地区积雪日数整体呈下降趋势，平均积雪日数为 29 d，最多出现在 2003 年，为 53 d，最少出现在 2018 年，仅 3 d（图 4.10）。

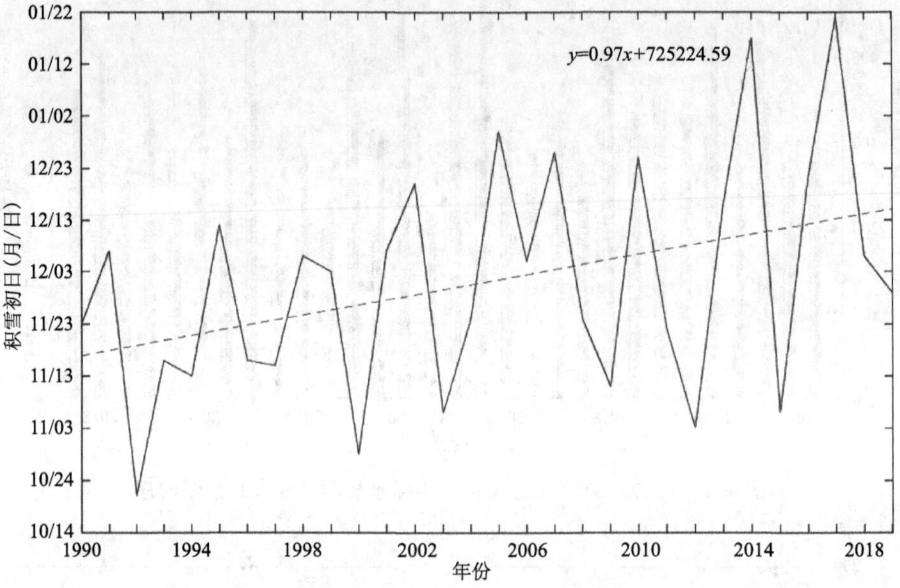

图 4.8　1990—2019 年达拉特旗年积雪初日时序

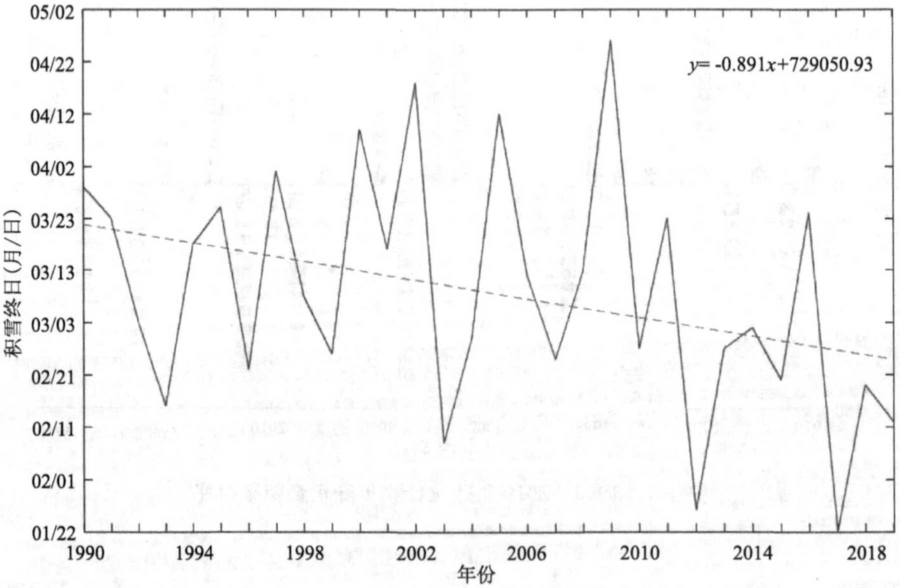

图 4.9　1990—2019 年达拉特旗年积雪终日时序

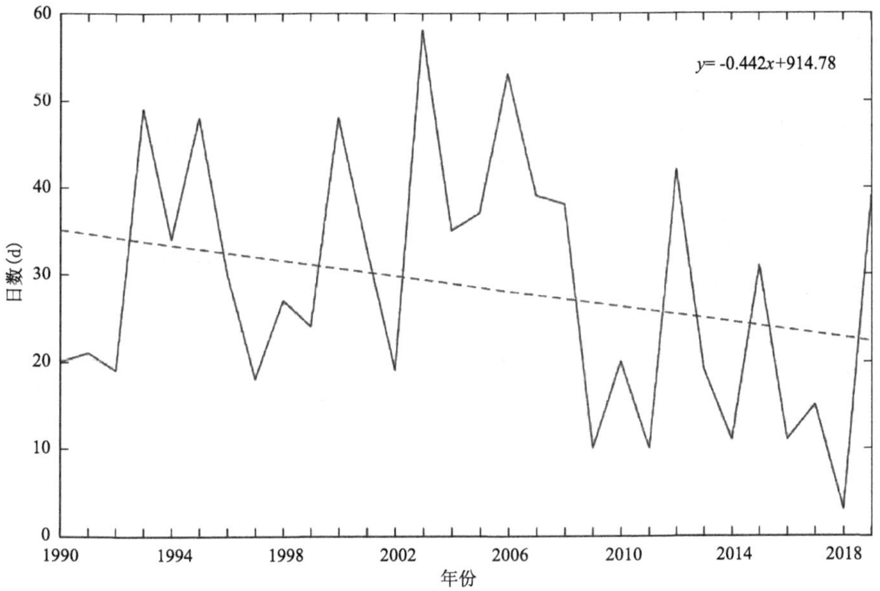

图 4.10　1990—2019 年达拉特旗年积雪日数时序

4.4　湿度

达拉特旗近 30 年平均相对湿度为 52%。该地区年平均相对湿度呈较大幅度下降趋势，平均相对湿度最大值出现在 2003 年，为 61%；平均相对湿度最小值出现在 2011 年，为 46%，极差 15 个百分点(图 4.11)。

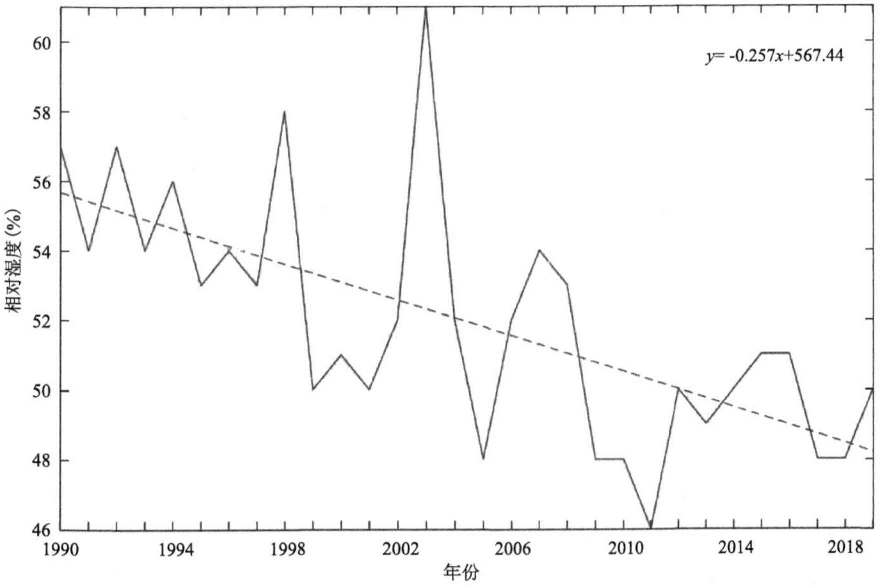

图 4.11　1990—2019 年达拉特旗年平均相对湿度时序

4.5　气温

达拉特旗近 30 年平均气温为 8 ℃(图 4.12),总体而言该地区气温呈现上升趋势。30 年气温升高速率为 0.76 ℃/10a。达拉特旗年平均最低气温最低值为−0.4 ℃,出现于 1993 年,年平均最高气温最高值达到 16.3 ℃,出现于 2017 年。近 30 年达拉特旗年平均最低气温(图 4.13)和最高气温(图 4.14)分别以 0.99 ℃/10a 和 0.54 ℃/10a 的速率上升。

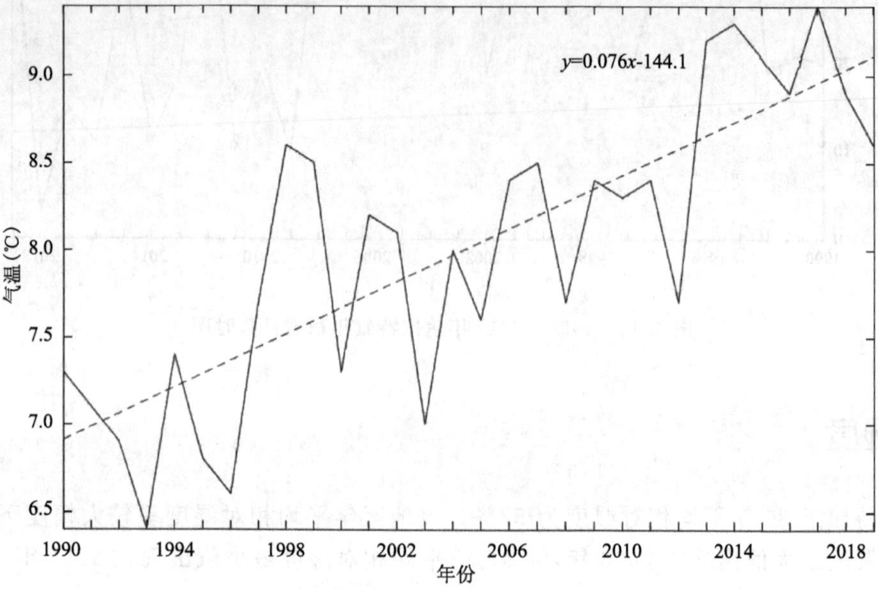

图 4.12　1990—2019 年达拉特旗年平均气温时序

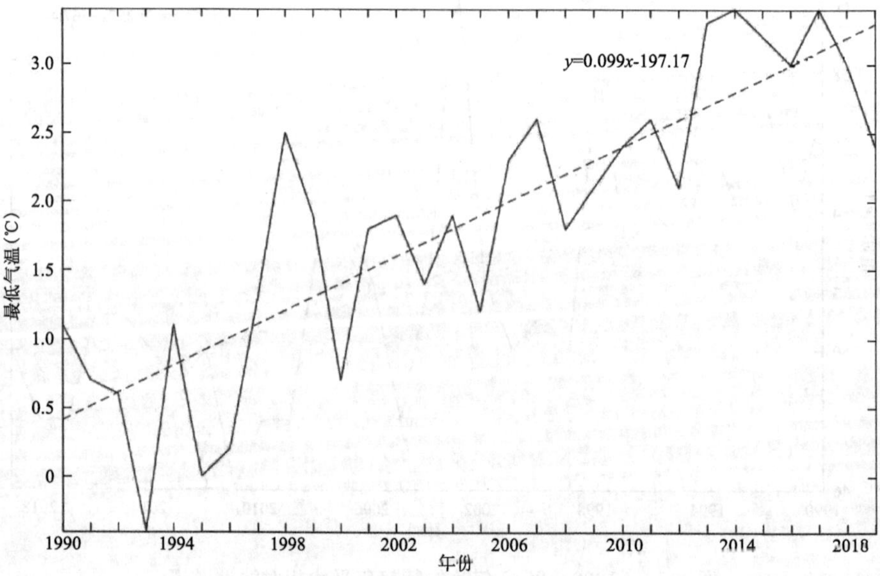

图 4.13　1990—2019 年达拉特旗年平均最低气温时序

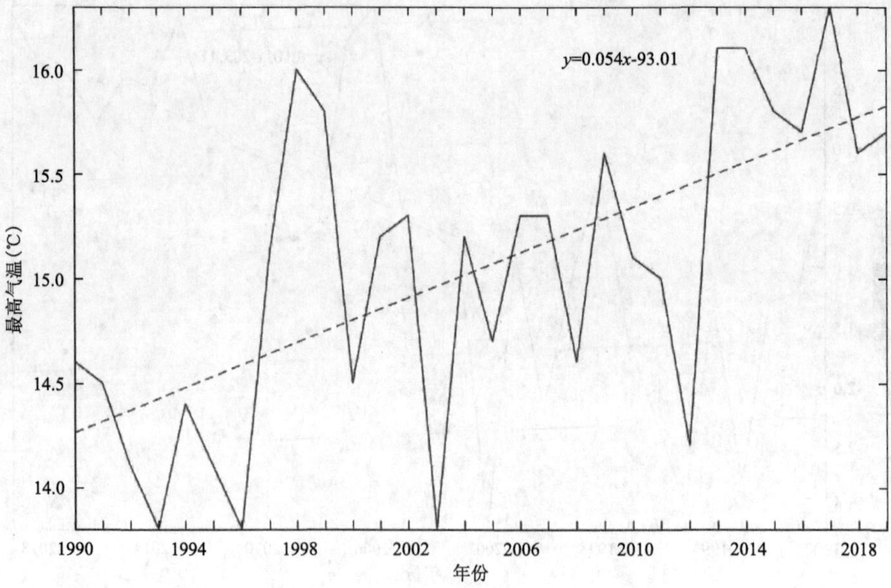

图 4.14　1990—2019 年达拉特旗年平均最高气温时序

4.6　地表温度

达拉特旗近 30 年平均地表温度 10.9 ℃,年平均地表温度均在 12 ℃以下,但呈现上升趋势,上升速率为 0.82 ℃/10a。年平均地表温度最高值出现在 2017 年,为 12.5 ℃;最低值出现在 2003 年,为 9.4 ℃(图 4.15)。近 30 年达拉特旗年平均最低地表温度呈上升趋势,上升速率为 1.01 ℃/10a(图 4.16),年平均最高地表温度同样呈现上升趋势,上升速率为 1.21 ℃/10a(图 4.17)。

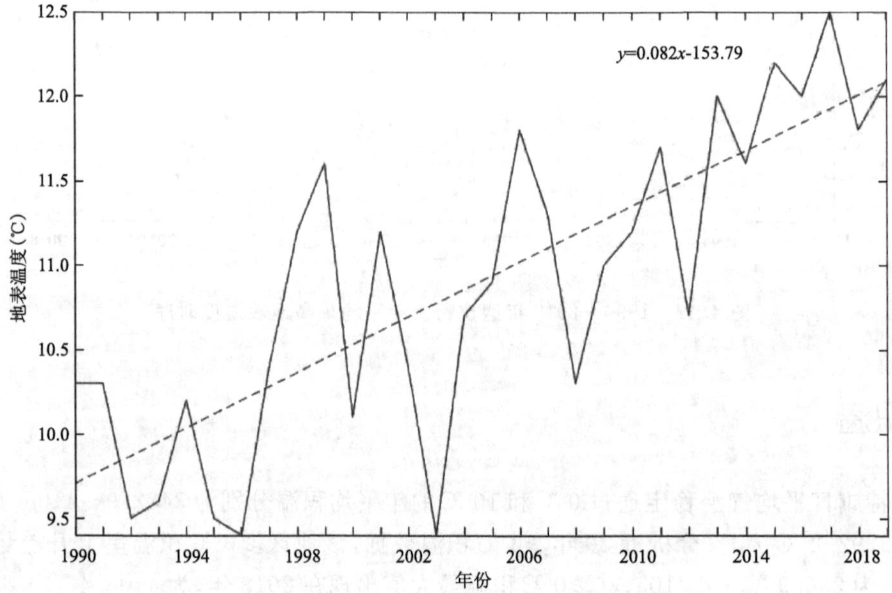

图 4.15　1990—2019 年达拉特旗年平均地表温度时序

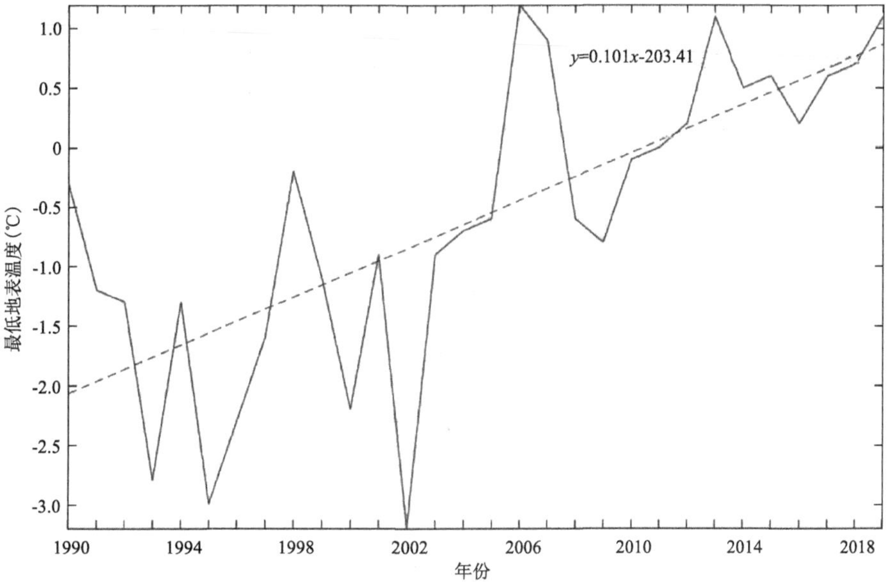

图 4.16　1990—2019 年达拉特旗年平均最低地表温度时序

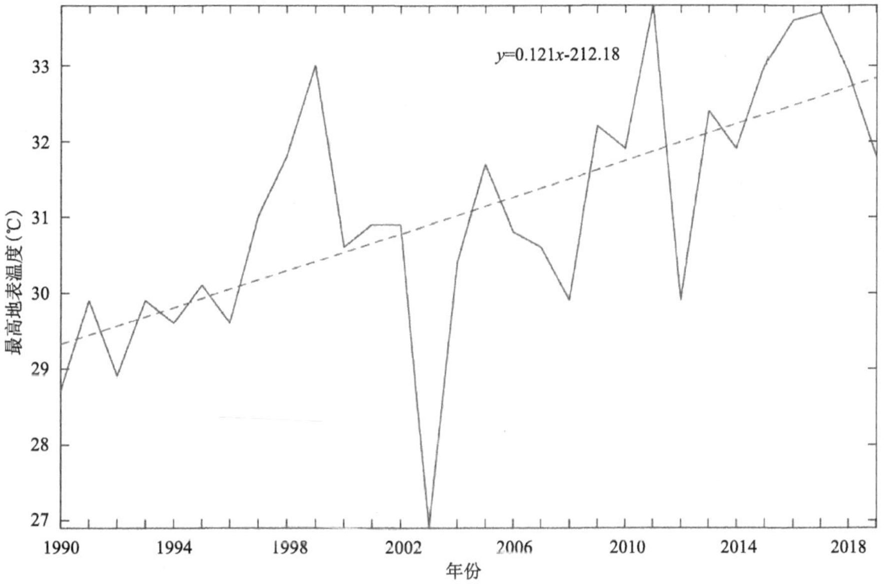

图 4.17　1990—2019 年达拉特旗年平均最高地表温度时序

4.7　积温

达拉特旗日平均气温稳定通过 0 ℃和 10 ℃的年平均积温分别为 3432.9～4108.4 ℃·d、2953.7～3792.2 ℃·d。分析近 30 年≥0 ℃积温数据，该地区≥0 ℃积温呈上升趋势且上升速率较大，为 236.9 ℃·d /10a，其≥0 ℃积温最大值出现在 2018 年，为 4108.4 ℃·d；最小值出现在 1995 年，为 3432.9 ℃·d(图 4.18)。该地区≥10 ℃的积温整体呈上升趋势，上升速率

为 236.9 ℃·d /10a,其≥10 ℃积温的最大值出现在 2017 年,为 3792.2 ℃·d;最小值出现在 1990 年,为 2953.7 ℃·d(图 4.19)。

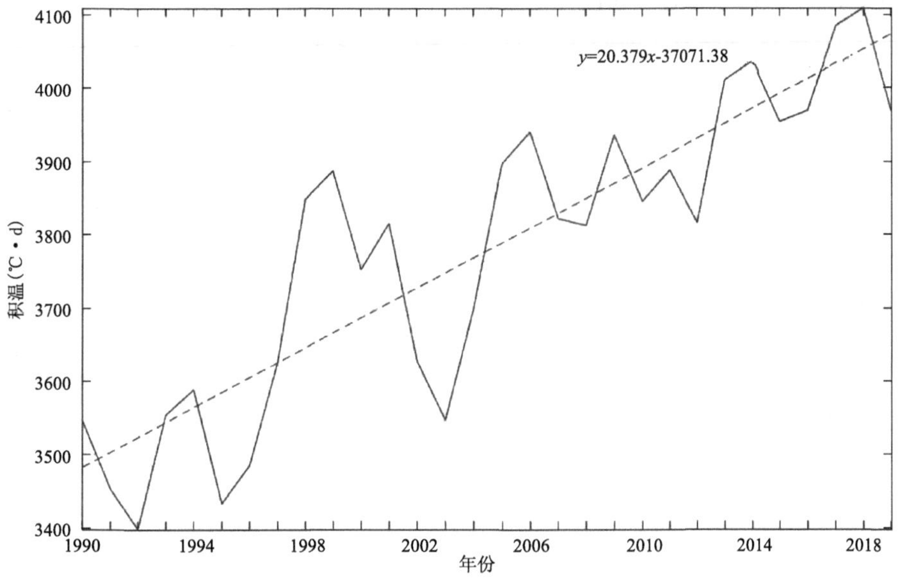

图 4.18　1990—2019 年达拉特旗年平均气温≥0 ℃的积温时序

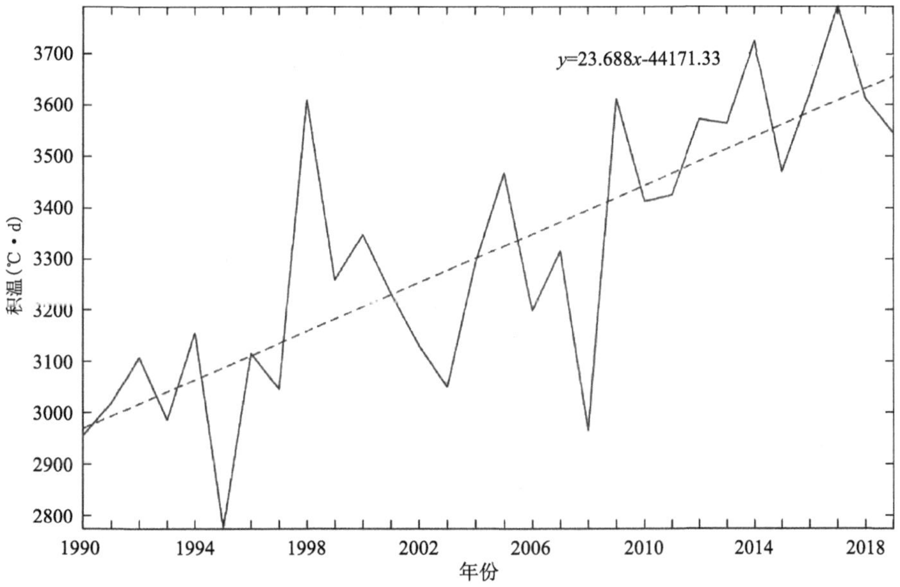

图 4.19　1990—2019 年达拉特旗年平均气温≥10 ℃的积温时序

4.8　冻土

达拉特旗近 30 最大冻土深度呈现逐年减少趋势,冻土深度变化率为－1.48 cm/10a,最大冻土深度平均值为 142 cm，最大值出现在 2004 年，为 171 cm(图 4.20)。该地区近 30 年年最大冻土深度首次出现日期基本保持不变(图 4.21)，冻土持续时间平均为 7.6 d，1990—2009 年，冻土持续时间在平均值上下来回波动，2013 年冻土持续时间达到最长，为 30 d(图 4.22)。

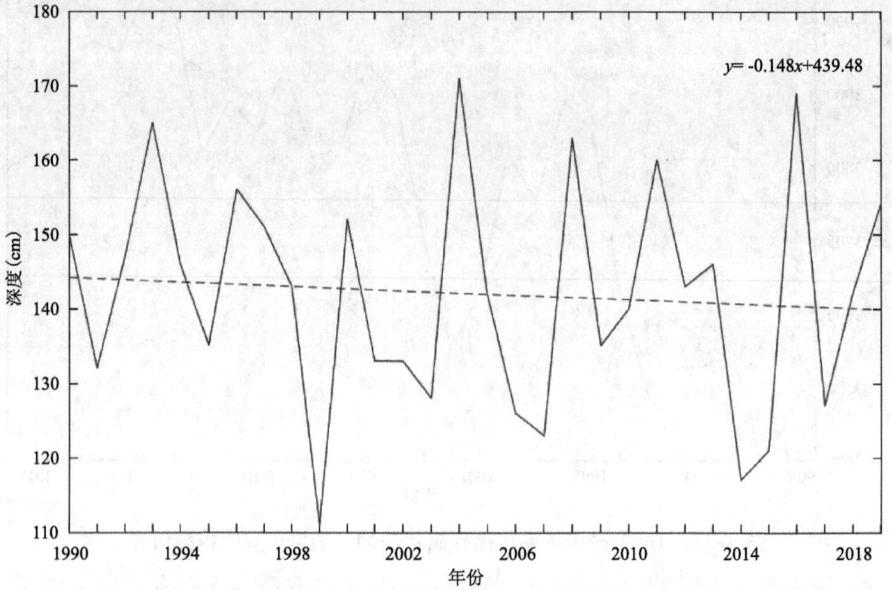

图 4.20　1990—2019 年达拉特旗最大冻土深度时序

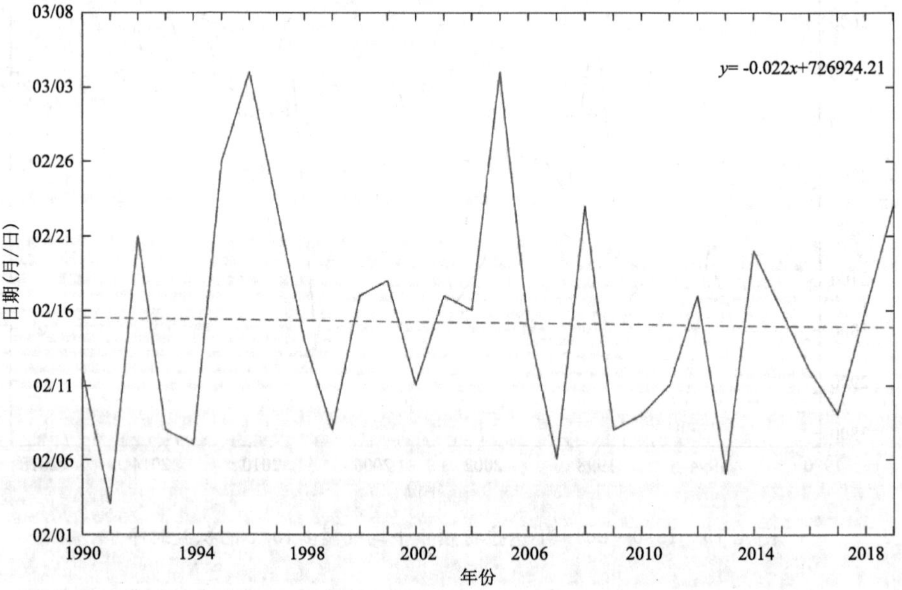

图 4.21　1990—2019 年达拉特旗最大冻土深度首次出现日期时序

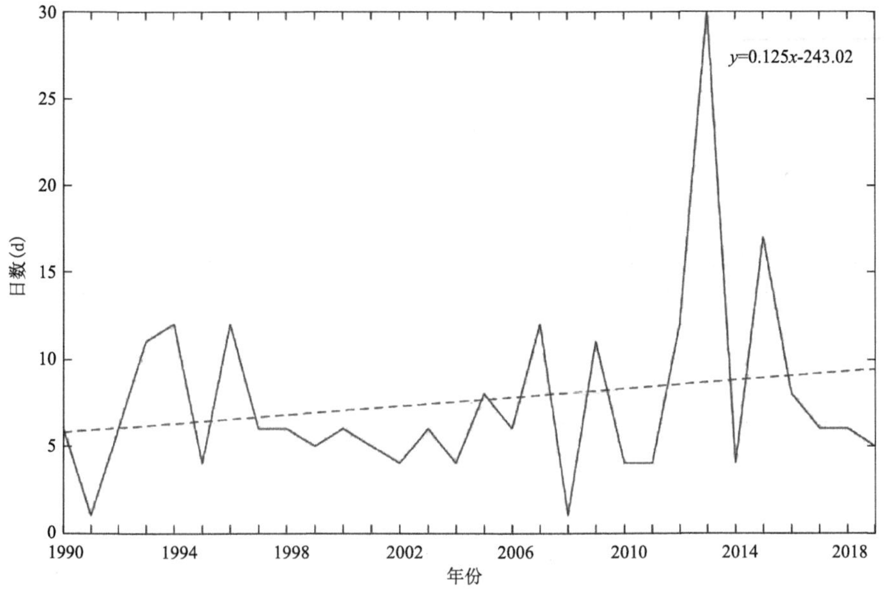

图 4.22　1990—2019 年达拉特旗最大冻土深度出现日数时序

4.9　日照

达拉特旗 30 年年平均日照时数为 3045.7 h(图 4.23)，每天平均日照约 8.3 h，日照时数呈减少趋势，下降速率为 81.5 h/10a。30 年中日照时数最高值出现在 2005 年，为 3333.6 h；最低值出现在 2011 年，为 2774.6 h，极差 559 h。

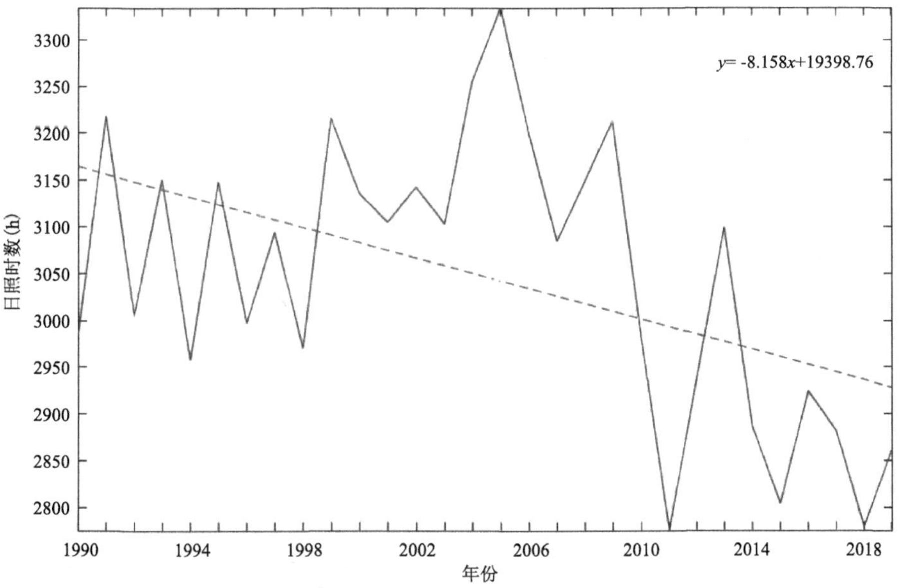

图 4.23　1990—2019 年达拉特旗年日照时数时序

4.10　天气现象

1. 沙尘

达拉特旗近 30 年沙尘日数总体呈减少趋势，其中平均年浮尘日数仅为 0.7 d，最大年浮尘日数为 4 d，出现在 2000 年，其余年份浮尘出现日数均少于 3 d，近 30 年中有一半以上年浮尘日数为 0(图 4.24)。该地区年扬沙日数呈减少的趋势(图 4.25)，减少的速率为 5.3 d/10a，最大年扬沙日数为 26 d，出现在 1995 年，平均年扬沙日数为 9.5 d。近 30 年年均沙尘暴日数

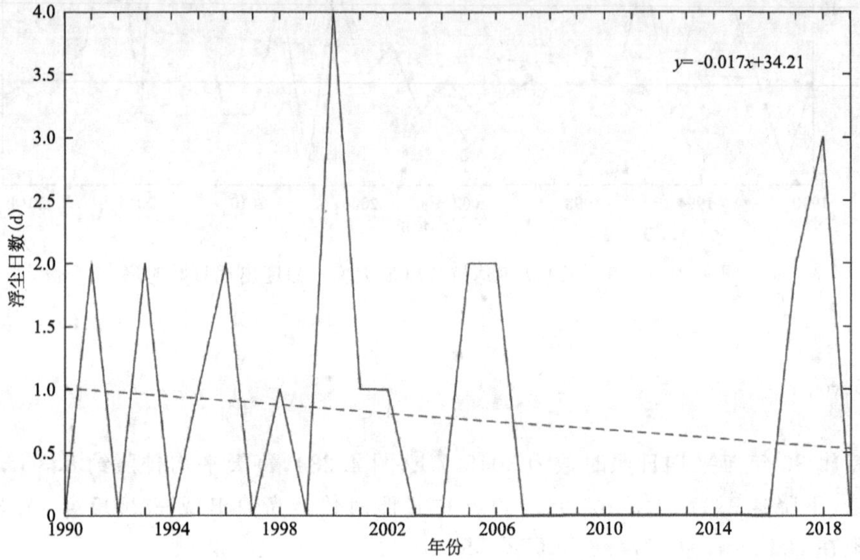

图 4.24　1990—2019 年达拉特旗年均浮尘日数时序

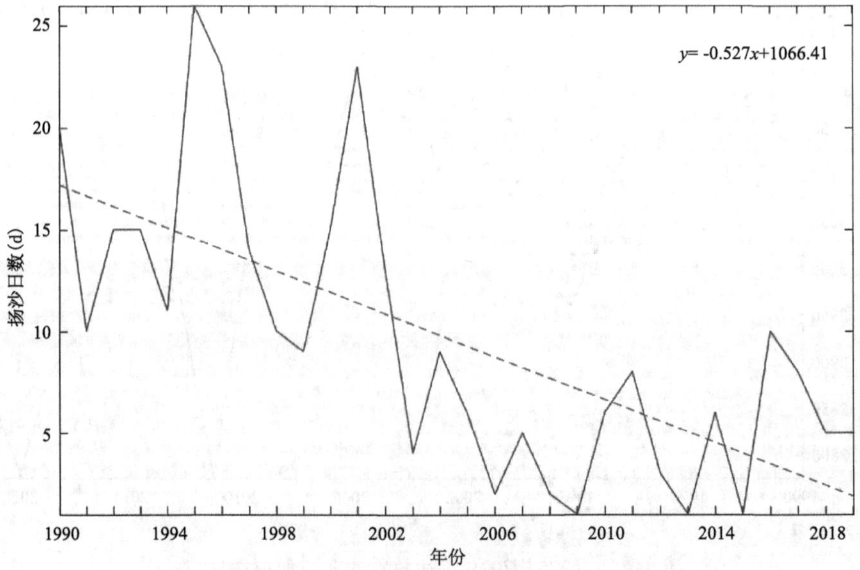

图 4.25　1990—2019 年达拉特旗年均扬沙日数时序

也呈下降趋势(图 4.26),下降速率为 1.3 d/10a。年沙尘暴日数最大值为 8 d,出现在 1995 年和 2000 年。

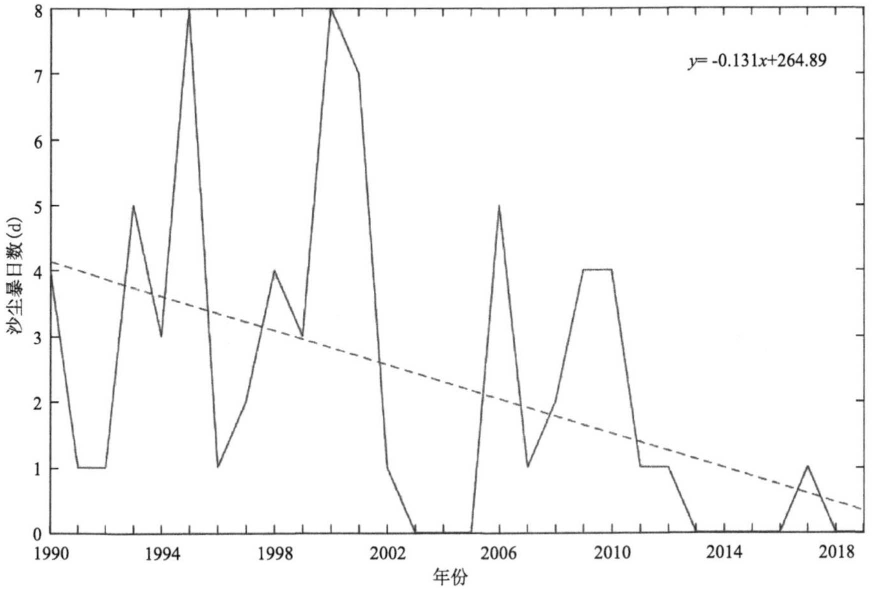

图 4.26　1990—2019 年达拉特旗年均沙尘暴日数时序

2. 霜冻

达拉特旗近 30 年平均年霜期为 77.8 d,呈缩短的趋势(图 4.27),缩短速率为 16.5 d/10a。近 30 年平均初霜日和平均终霜日分别为 10 月 3 日和 4 月 2 日,其中初霜日(图 4.28)和终霜日(图 4.29)变化趋势不明显,其中初霜日有小幅度延后,终霜日略有提前。

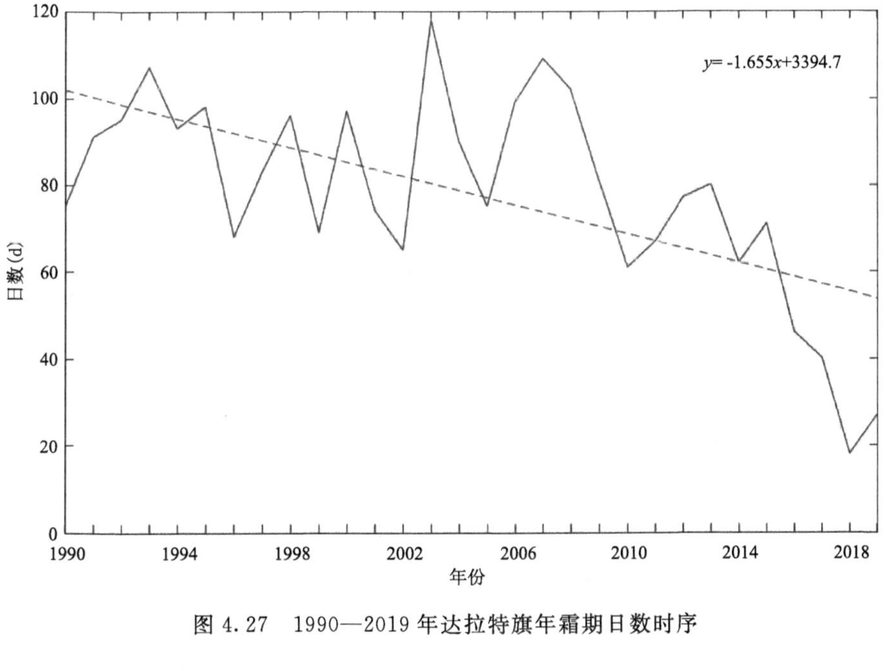

图 4.27　1990—2019 年达拉特旗年霜期日数时序

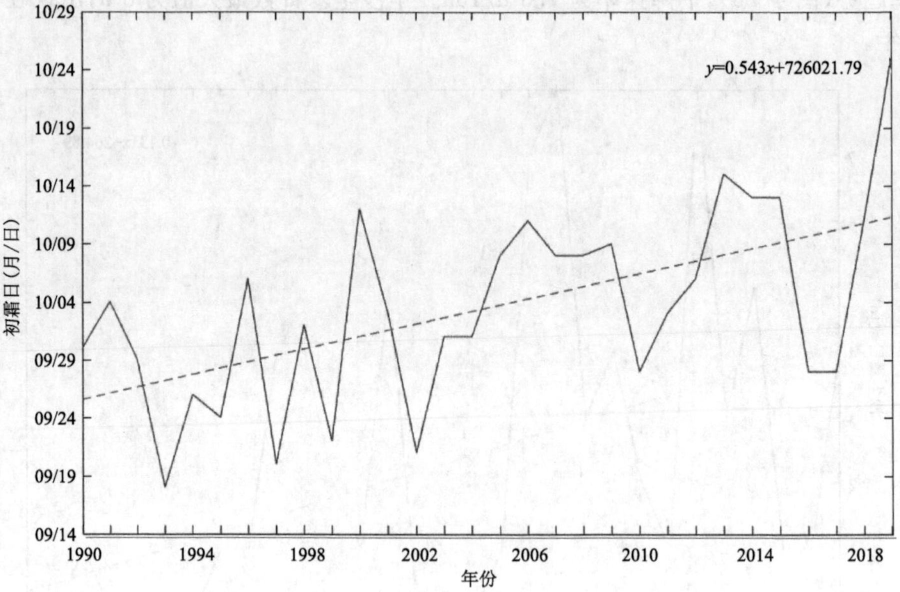

图 4.28　1990—2019 年达拉特旗年均初霜日时序

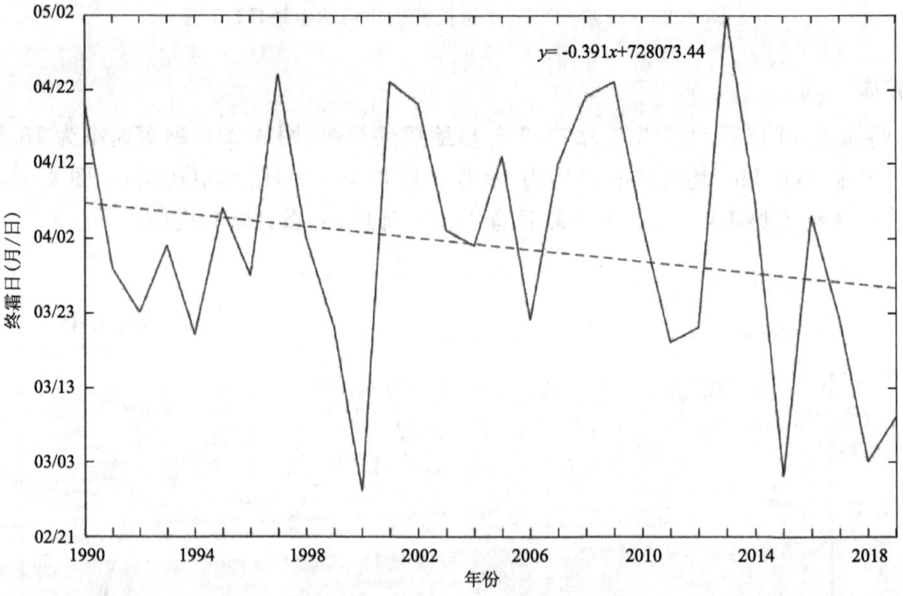

图 4.29　1990—2019 年达拉特旗年均终霜日时序

第 5 章　伊金霍洛旗气象要素特点分析

伊金霍洛旗北靠东胜区、与康巴什区隔乌兰木伦河相望，东与准格尔旗相邻，西与杭锦旗接壤，南邻乌审旗，隔长城与陕西省交界。地势由西向东南倾斜，地貌基本可分为东部丘陵和西部梁滩相间地貌两大类型。东西长约 120 km，南北宽约 61 km，总面积约 5600 km^2。

伊金霍洛旗地处西风带，受蒙古高压和季风影响，形成了冬季气候干燥而寒冷、夏季炎热而少雨，湿润度由东向西递减的气候特点。

5.1　风

对伊金霍洛旗气象观测资料的统计研究表明，在过去 30 年间，该地区近地层风速减小趋势明显，平均风速的变化速率为－0.3 (m/s)/10a (图 5.1)，多年平均风速 2.6 m/s，其中 2011—2012 年年平均风速上升趋势明显，平均风速从 2 m/s 上升至 3.5 m/s，2007、2011 年平均风速达近 30 年的最小值，为 2 m/s。该地区年大风出现日数较多，近 30 年年平均大风日数为 15.5 d，呈上升的趋势，2012 年出现大风日数最多，为 53 d(图 5.2)。年平均最大风速也呈

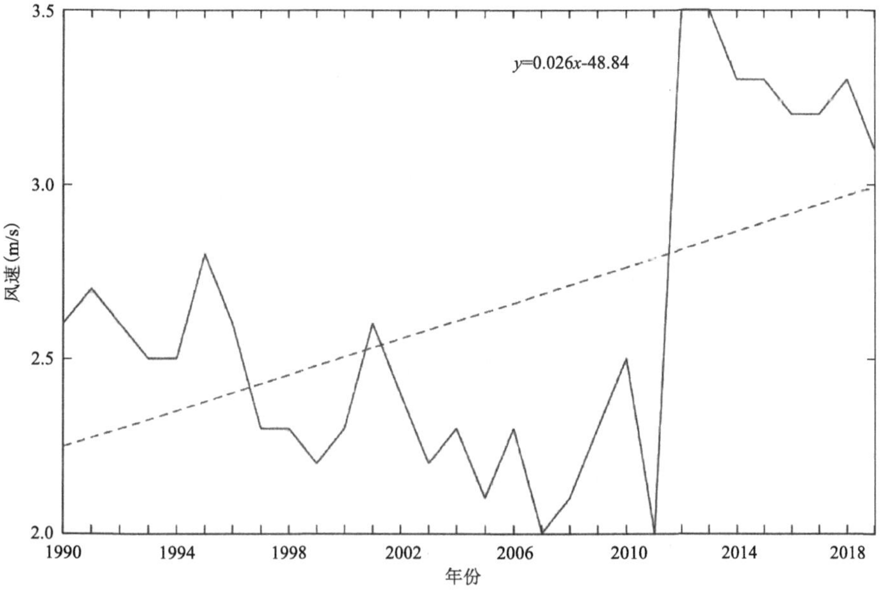

图 5.1　1990—2019 年伊金霍洛旗年平均风速时序

明显减小的趋势，变化速率为－0.6 (m/s)/10a(图 5.3)。2009—2014 年年极大风速呈上升的趋势，2005 年年极大风速最小，为 19.6 m/s(图 5.4)。风速有明显的季节变化，春季风最大，大风期长，大风集中期为 5—8 月。统计多年平均风向频率(图 5.5)，主导风向为西北，出现的频率 10.1％，次主导风向为西、西北西，所占频率分别为 9.4％和 9.8％。

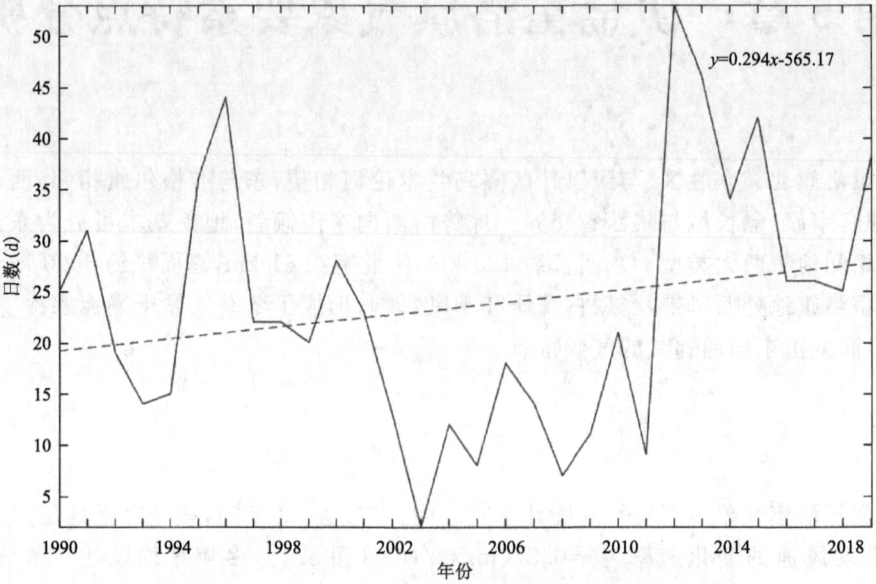

图 5.2　1990—2019 年伊金霍洛旗年大风日数时序

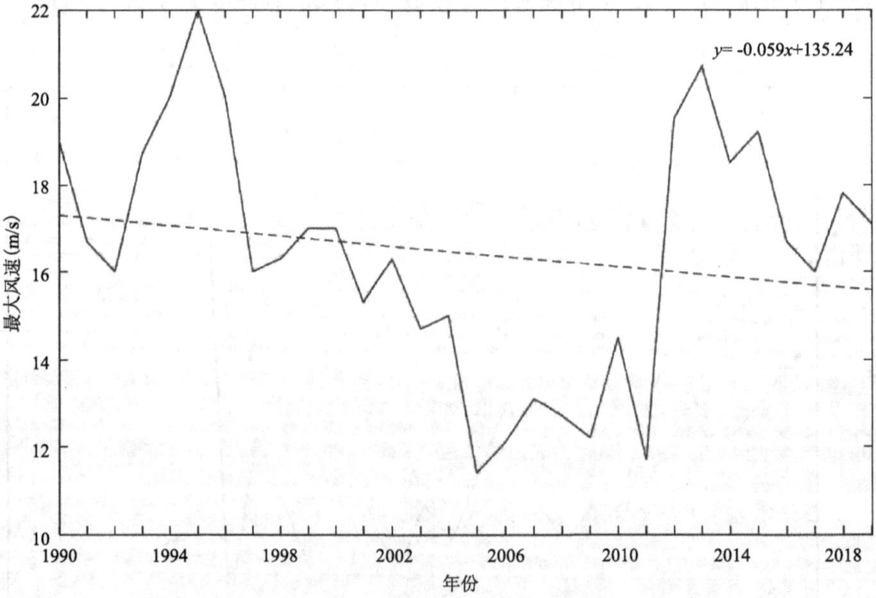

图 5.3　1990—2019 年伊金霍洛旗年平均最大风速时序

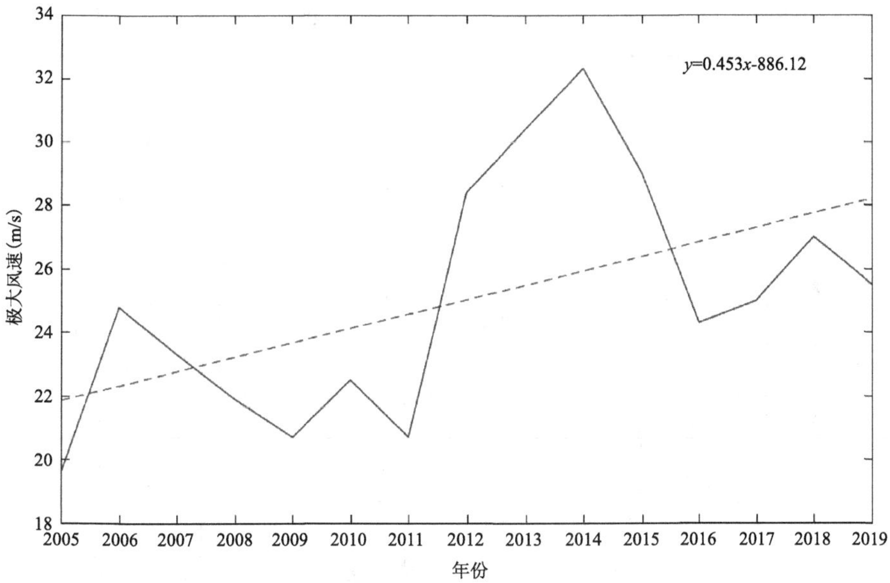

图 5.4　2005—2019 年伊金霍洛旗年平均极大风速时序

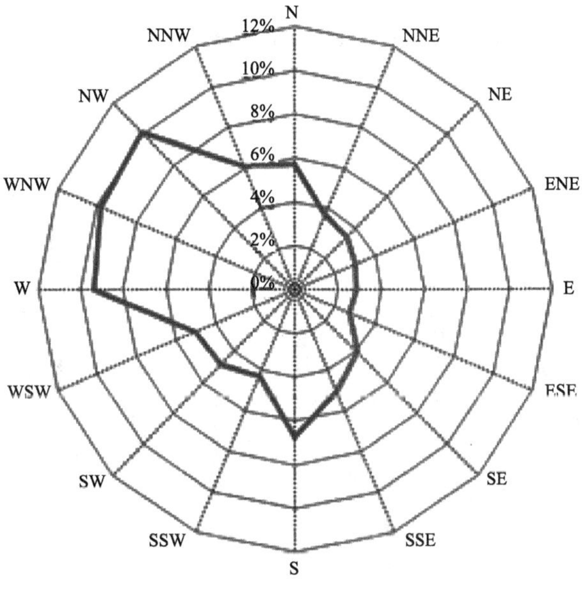

图 5.5　1990—2019 年伊金霍洛旗平均风向频率

5.2　降水

伊金霍洛旗近 30 年平均年降水量为 364.4 mm。降水主要集中在 7—9 月，占全年降水总量的 92.3%以上，最大日降水量为 117.9 mm，出现在 2012 年 7 月 21 日。2016 年为年降水量最多年，为 596.6 mm；2000 年最小，仅 206.4 mm，两者相差 390.2 mm(图 5.6)。分析伊金霍洛旗 30 年年降水量距平时序(图 5.7)，1998—2010 年年降水量负距平年数较多，说明此时段降水以偏少为主，2011—2019 年年降水量正距平年数较多，说明最近 9 年伊金霍洛旗降水偏多。

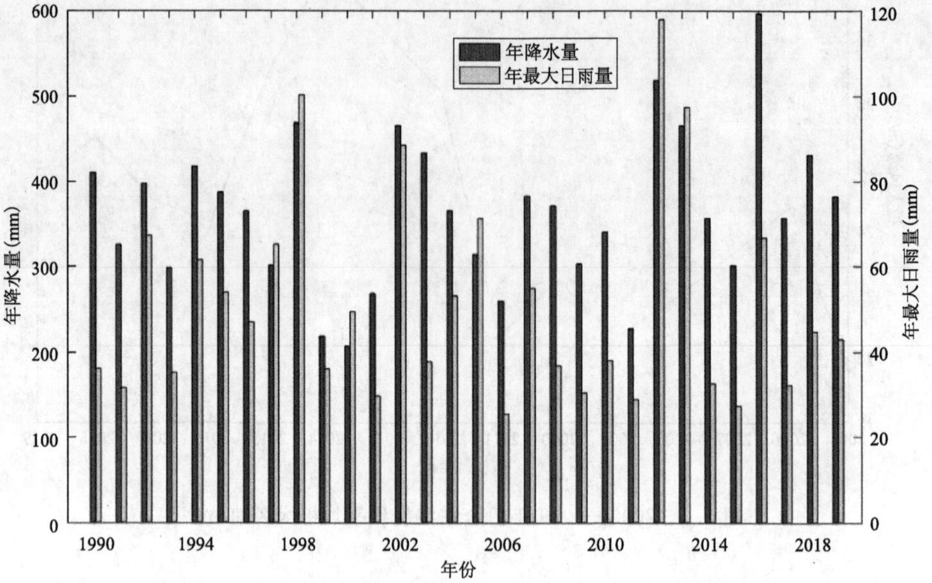

图 5.6　1990—2019 年伊金霍洛旗年降水量和最大日雨量时序

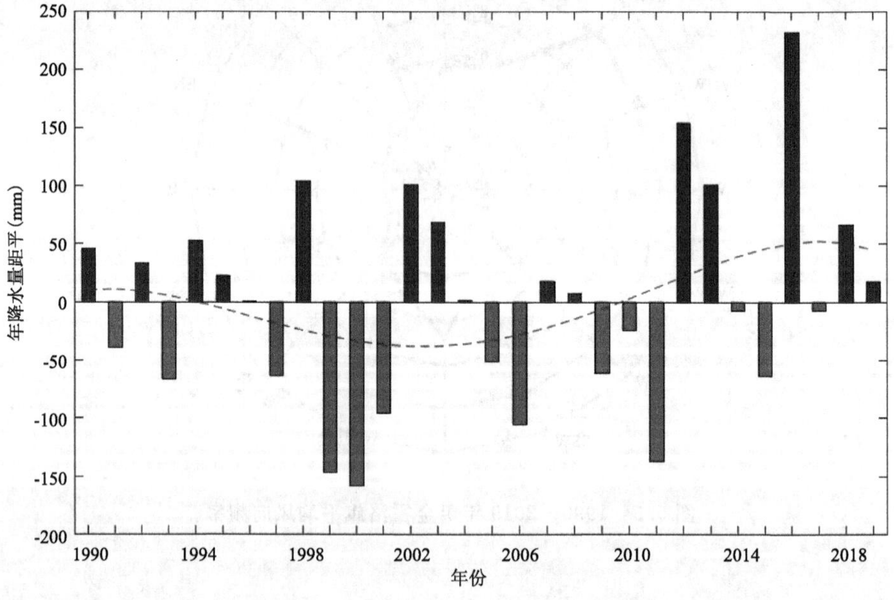

图 5.7　1990—2019 年伊金霍洛旗年降水量距平时序

5.3　积雪

伊金霍洛旗近 30 年积雪初日从整体上看呈延后趋势，年平均积雪初日出现在 10 月 12

日，最早为1992年10月21日，最晚为1998年3月8日，积雪初日最早最晚出现时间相差139 d(图5.8)。积雪终日整体呈提前趋势，平均积雪终日为3月16日，最早为2012年1月23日，最晚为2009年4月26日，积雪终日最早和最晚出现时间相差94 d(图5.9)。积雪日数整体呈下降趋势，年平均积雪日数为27.4 d，最多出现在2005年，为55 d，最少出现在2013年，仅4 d(图5.10)。

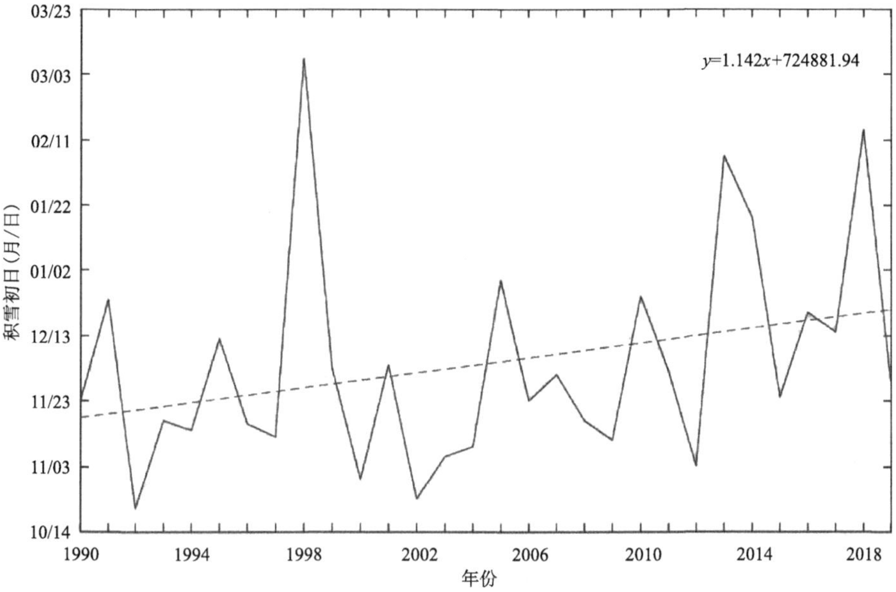

图5.8 1990—2019年伊金霍洛旗年积雪初日时序

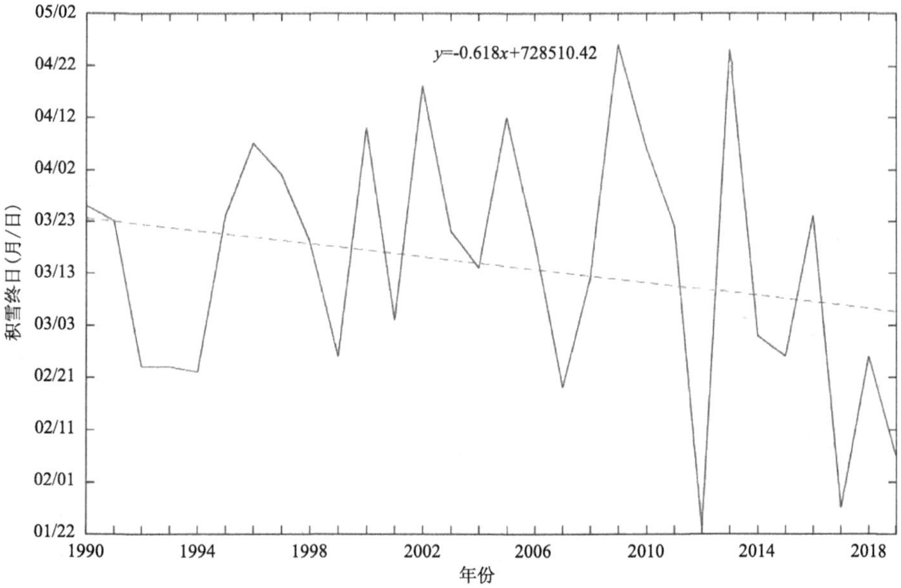

图5.9 1990—2019年伊金霍洛旗年积雪终日时序

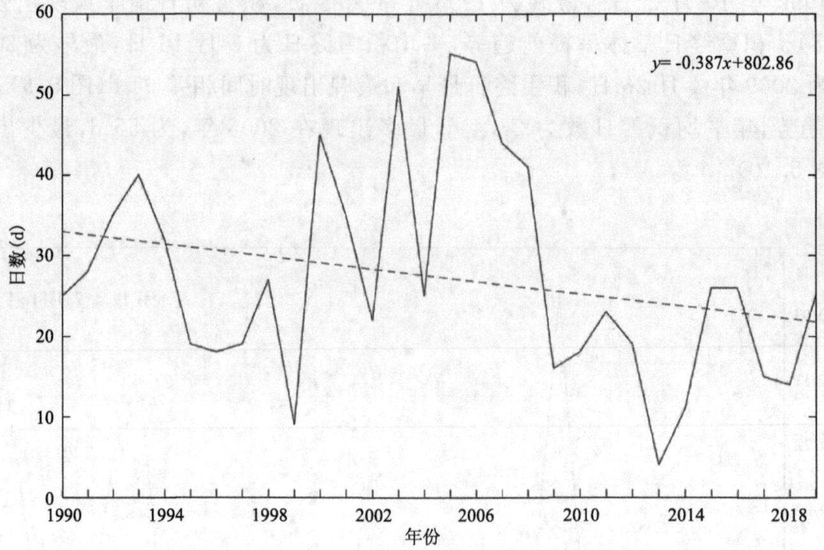

图 5.10　1990—2019 年伊金霍洛旗积雪日数时序

5.4　湿度

伊金霍洛旗近 30 年平均相对湿度为 49.5%。总体而言，该地区相对湿度的年际变化不明显。平均相对湿度最大值出现在 2003 年，为 58%，最小值出现在 2013 年，为 46%，该地区的年平均湿度最大峰值与最小峰值相差 12 个百分点（图 5.11）。

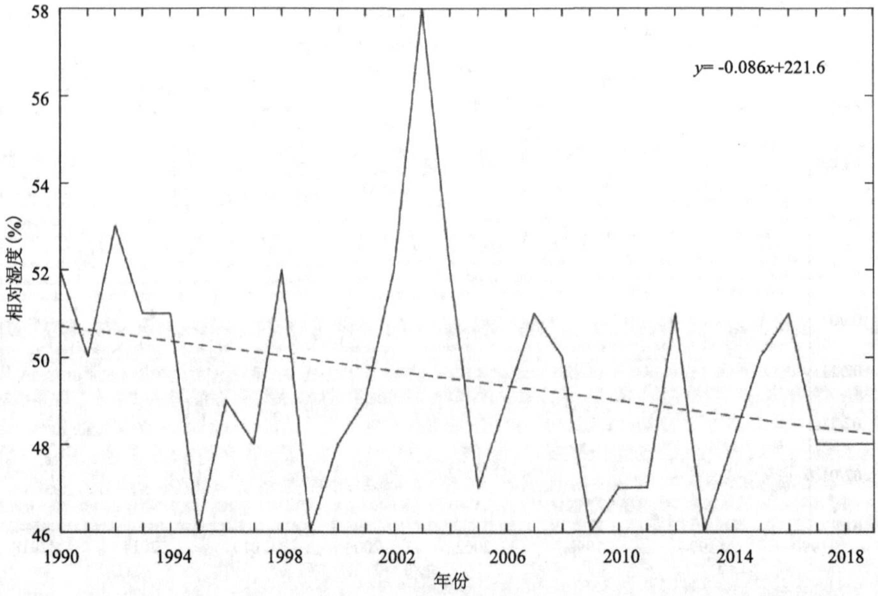

图 5.11　1990—2019 年伊金霍洛旗年平均相对湿度时序

5.5　气温

伊金霍洛旗近 30 年平均气温 7.4 ℃，年平均气温呈现上升趋势，1993 年、2012 年略有下降，气温升高率为 0.4 ℃/10a(图 5.12)；年平均气温最高为 15.2 ℃，出现在 1999 年(图 5.14)，年平均最低气温为 0.2 ℃，出现在 1993 年(图 5.13)。伊金霍洛旗年平均最低气温和最高气温均呈升高趋势，升温率分别为 0.5 ℃/10a 和 0.2 ℃/10a，且年平均最低气温升高最为明显。

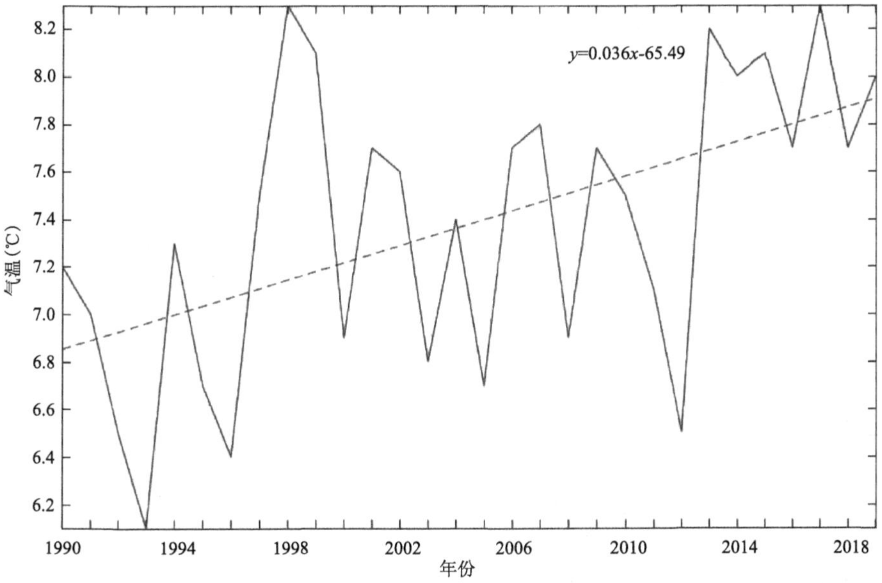

图 5.12　1990—2019 年伊金霍洛旗年平均气温时序

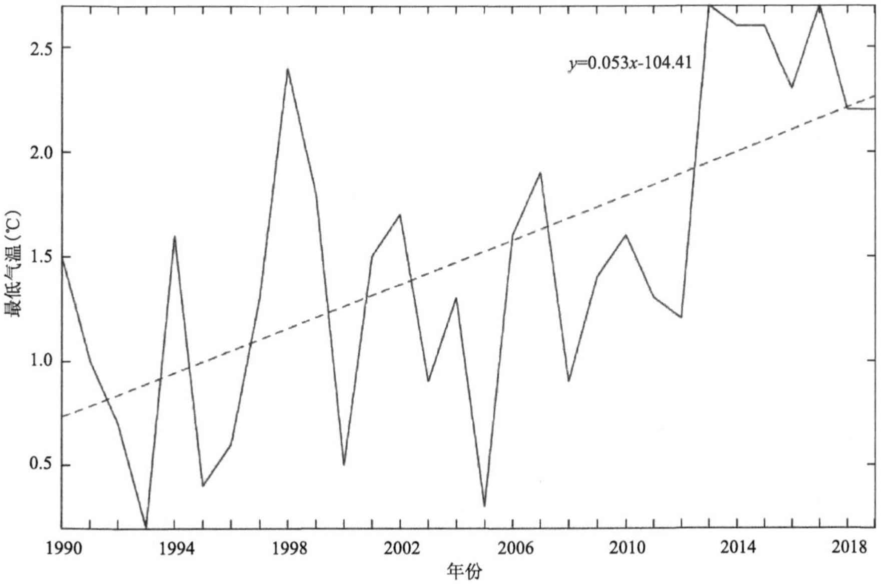

图 5.13　1990—2019 年伊金霍洛旗年平均最低气温时序

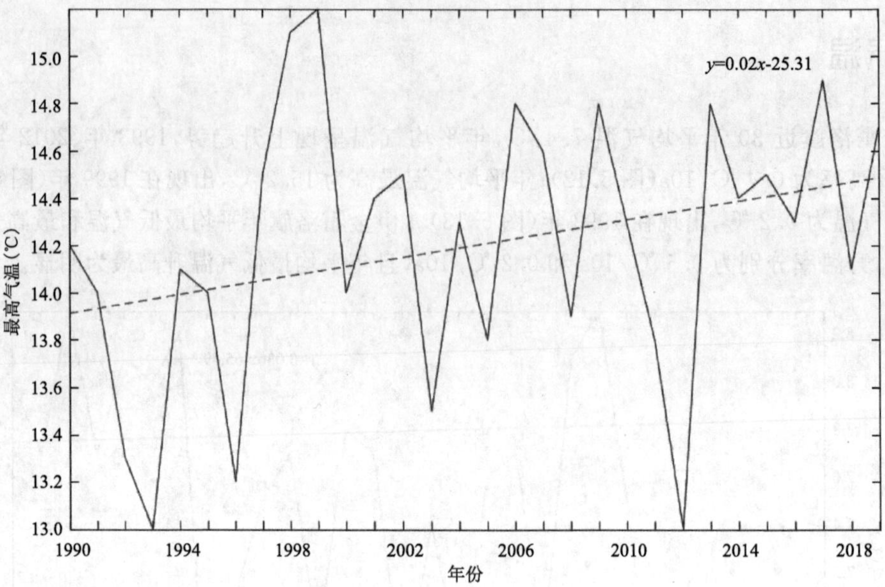

图 5.14　1990—2019 年伊金霍洛旗年平均最高气温时序

5.6　地表温度

伊金霍洛旗近 30 年平均地表温度为 9.8 ℃,年平均地表温度呈上升趋势,上升速率为 0.4 ℃/10a(图 5.15)。年平均最低地表温度为−3.0 ℃,出现在 1995 年(图 5.16);年平均最高地表温度出现在 1999 年,为 33 ℃(图 5.17)。近 30 年伊金霍洛旗年平均最低地表温度呈上升趋势,上升速率为 0.9 ℃/10a,但是年平均最高地表温度呈下降趋势,下降速率为 0.2 ℃/10a。

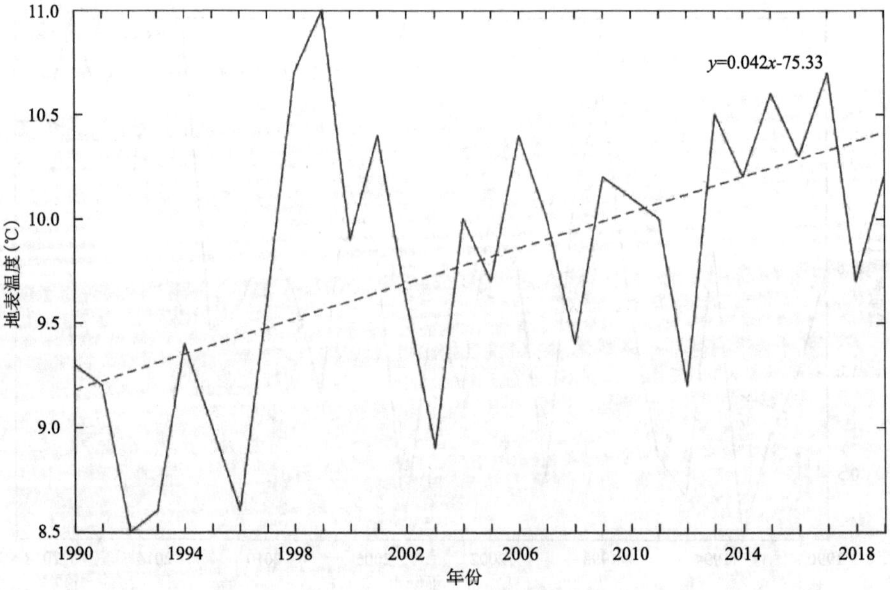

图 5.15　1990—2019 年伊金霍洛旗年平均地表温度时序

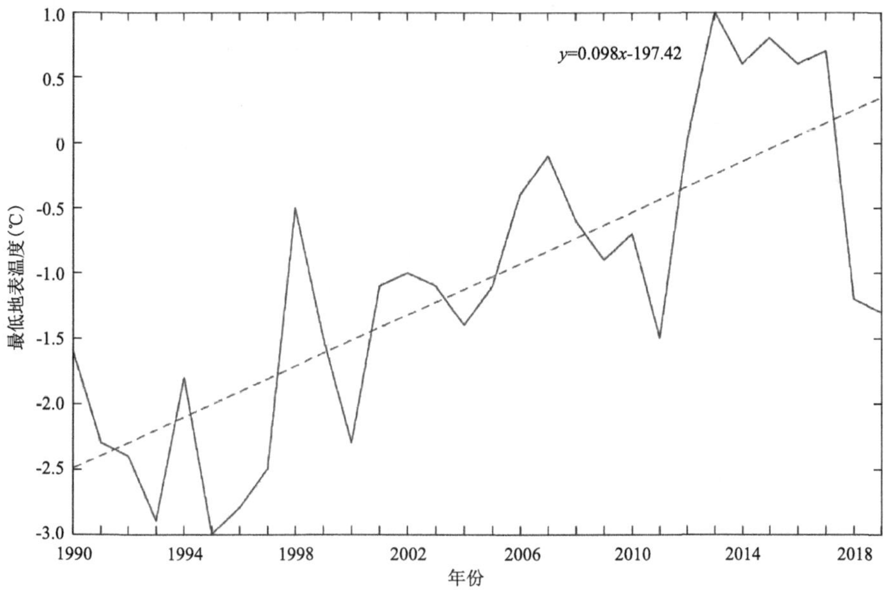

图 5.16　1990—2019 年伊金霍洛旗年平均最低地表温度时序

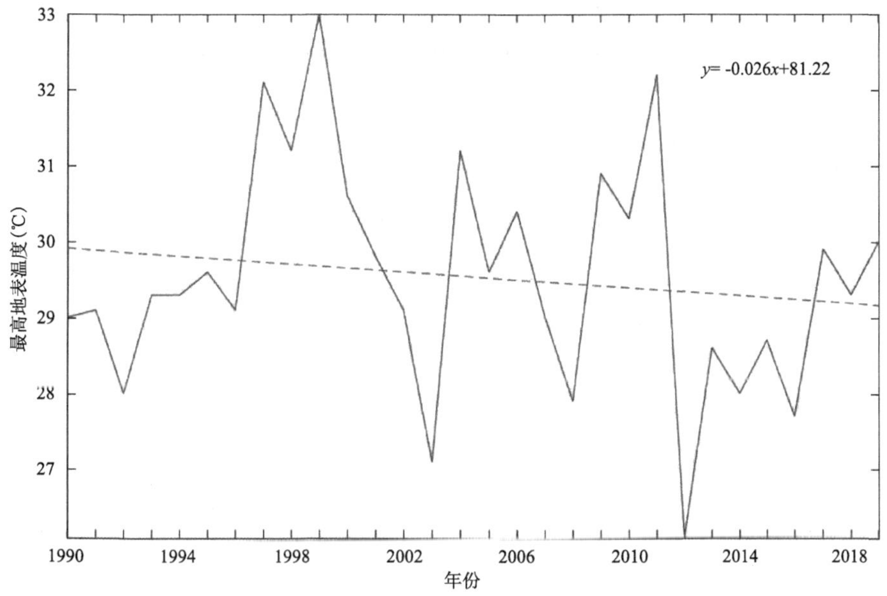

图 5.17　1990—2019 年伊金霍洛旗年平均最高地表温度时序

5.7　积温

伊金霍洛旗日平均气温稳定通过 0 ℃和 10 ℃的年平均积温分别为 3206～3711.4 ℃ · d、2606.8～3320.8 ℃ · d。分析近 30 年≥0 ℃积温数据，该地区≥0 ℃积温呈上升趋势，上升速率为 107 ℃ · d /10a。其≥0 ℃积温最大值出现在 2018 年，为 3711.4 ℃ · d；最小值出现在

1992 年，为 3206 ℃ · d(图 5.18)。该地区≥10 ℃积温呈上升趋势，≥10 ℃积温最大值出现在 1998 年，为 3320.8 ℃ · d；最小值出现在 2008 年，为 2606.8 ℃ · d(图 5.19)。

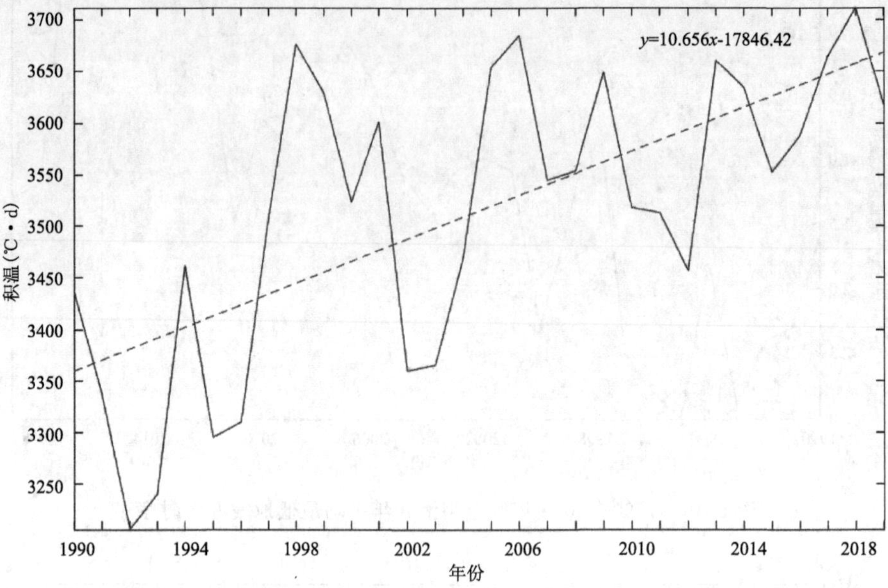

图 5.18　1990—2019 年伊金霍洛旗年平均气温≥0 ℃积温时序

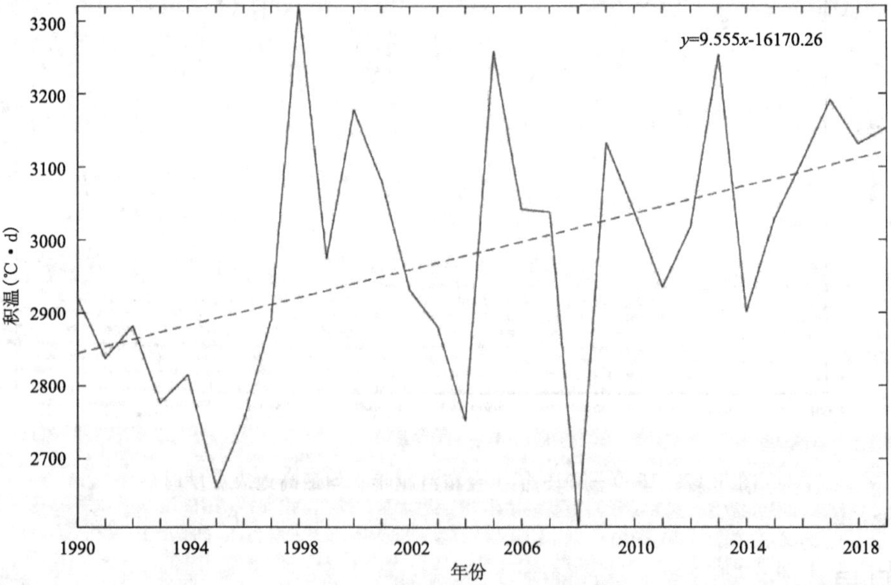

图 5.19　1990—2019 年伊金霍洛旗年平均气温≥10 ℃积温时序

5.8 冻土

分析伊金霍洛旗近 30 年年最大冻土深度首次出现日期(图 5.20)、最大冻土深度(图 5.21)、年最大冻土出现日数(图 5.22),该地区最大冻土深度呈现逐年增大趋势,冻土深度变化率为3.8 cm/10a。最大冻土深度平均值为 129.5 cm。最大冻土深度出现时间呈提前的趋势,2001 年出现最早。冻土持续时间平均为 6.7 d。

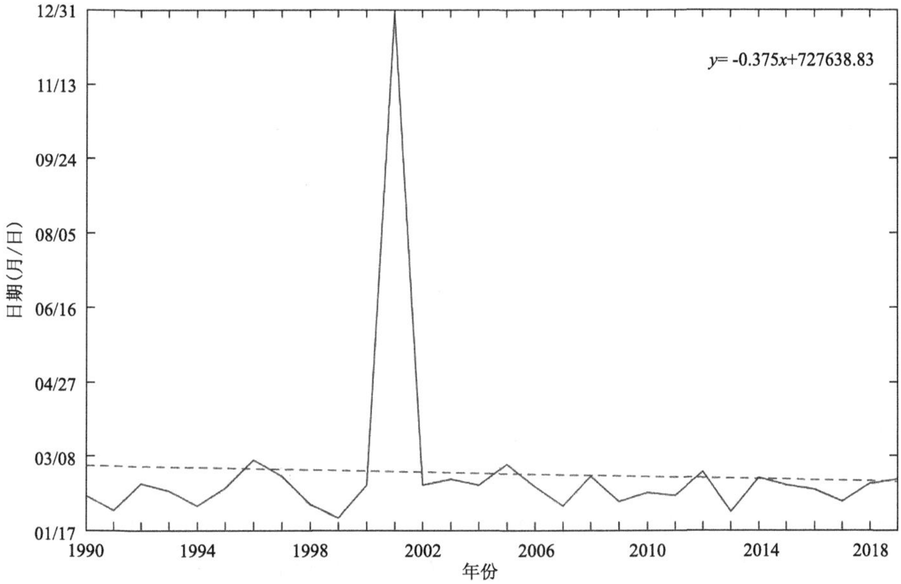

图 5.20　1990—2019 年伊金霍洛旗年最大冻土深度首次出现日期时序

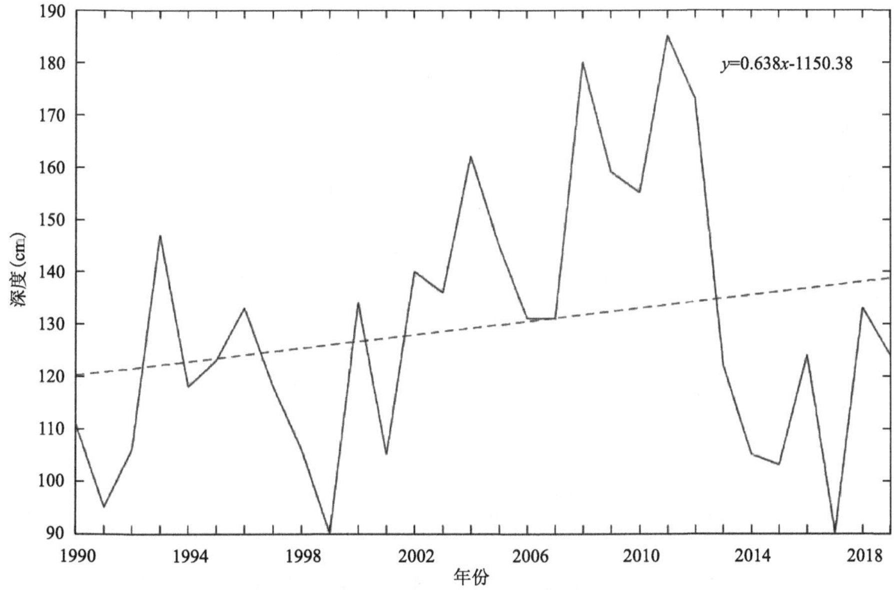

图 5.21　1990—2019 年伊金霍洛旗最大冻土深度时序

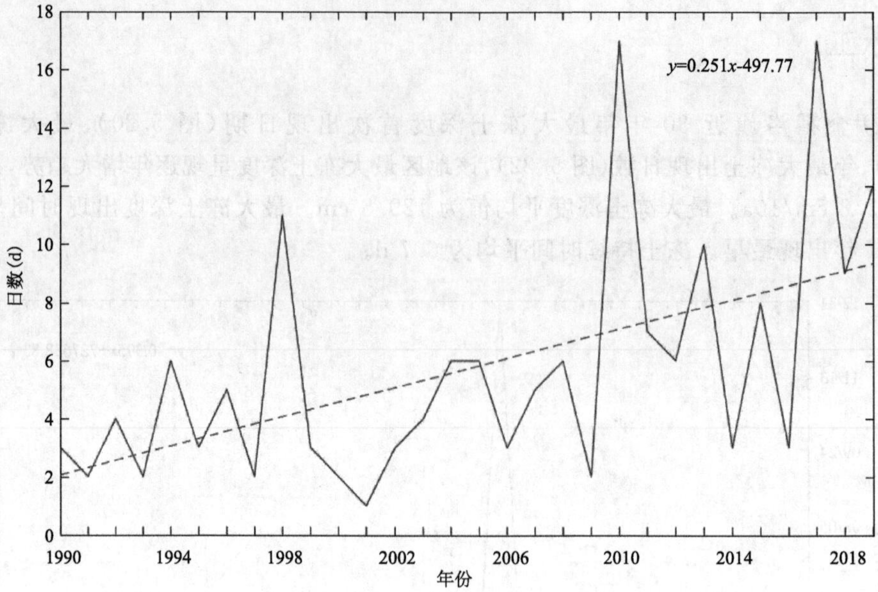

图 5.22　1990—2019 年伊金霍洛旗年最大冻土深度出现日数时序

5.9　日照

伊金霍洛旗近 30 年年日照时数为 3008 h，即平均每天日照约 8.28 h(图 5.23)。年日照时数呈显著减少的趋势，减少速率为 8.0 h/10a。最大年日照时数出现在 2005 年，达 3238.5 h；最小年日照时数出现在 1996 年，为 2766.8 h，极差 471.7 h。

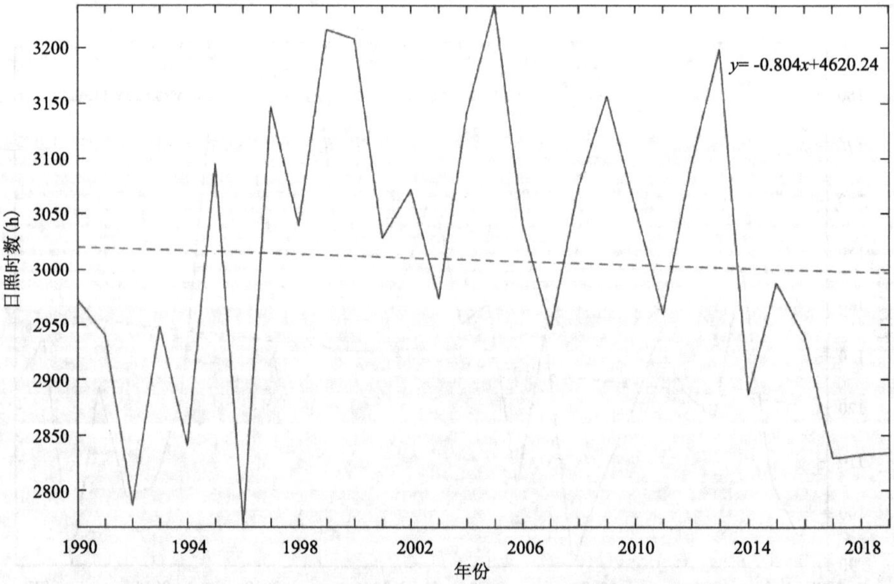

图 5.23　1990—2019 年伊金霍洛旗年日照时数时序

5.10　天气现象

1. 沙尘

伊金霍洛旗近 30 年沙尘日数呈显著减少趋势，其中平均年浮尘日数仅为 0.6 d，最大年浮尘日数为 4 d，出现在 1993 年，其余年份浮尘出现日数均小于 3 d(图 5.24)。近 30 年年扬沙日数总体呈减少的趋势(图 5.25)，减少的速率为 6.6 d/10a，但 2018—2019 年扬沙日数有上升的趋势，平均年扬沙日数为 11 d；最大年扬沙日数为 35 d，出现在 1996 年。伊金霍洛旗沙尘

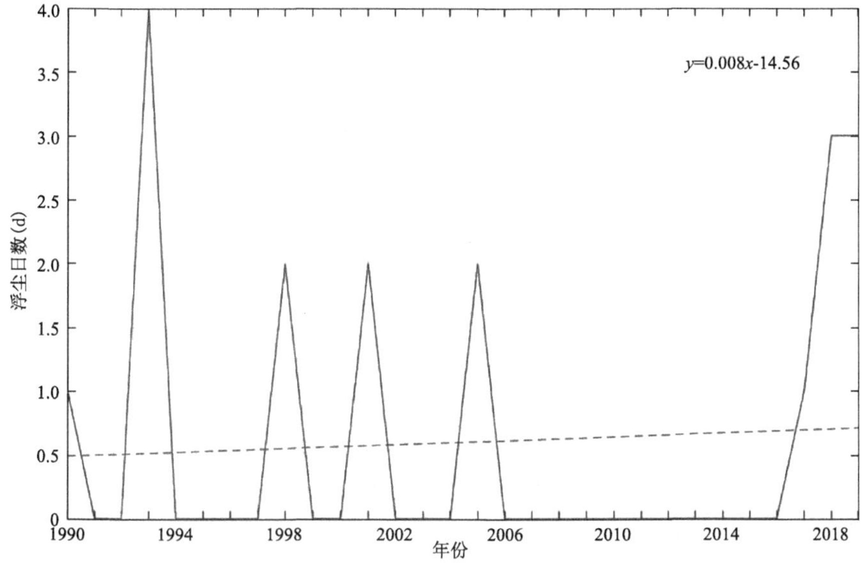

图 5.24　1990—2019 年伊金霍洛旗年浮尘日数时序

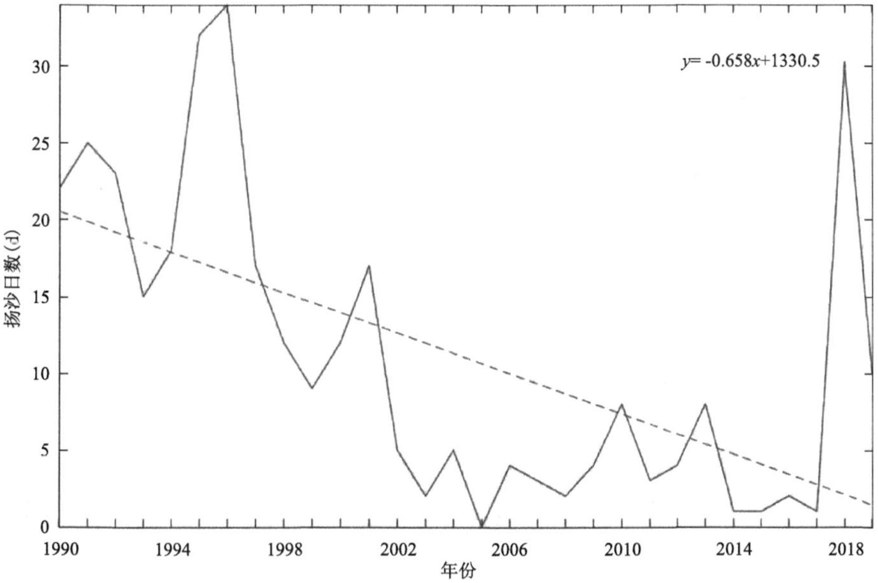

图 5.25　1990—2019 年伊金霍洛旗年扬沙日数时序

暴天气呈显著减少趋势(图 5.26),近 30 年有 17 年出现沙尘暴天气,平均沙尘暴日数5.3 d,2011—2019 年未出现沙尘暴天气。

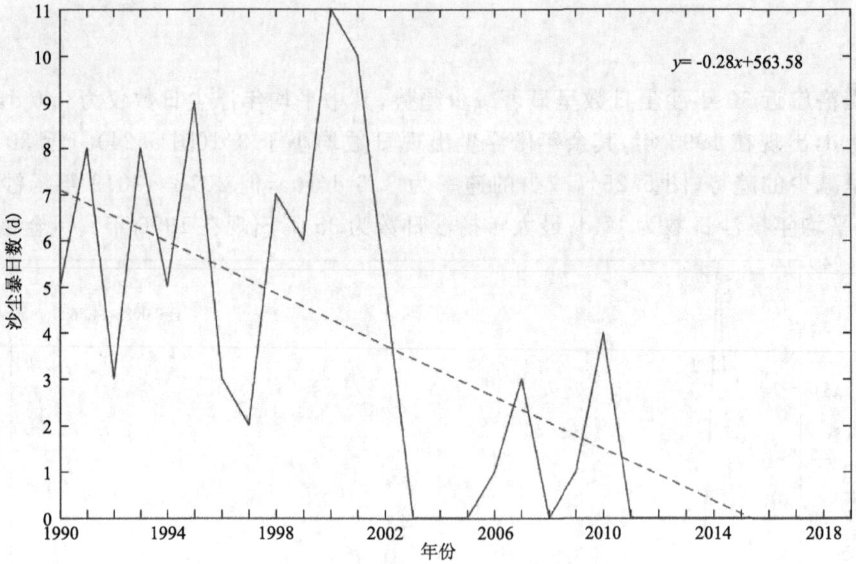

图 5.26 1990—2019 年伊金霍洛旗年沙尘暴日数时序

2. 霜冻

伊金霍洛旗近 30 年平均年霜期为 60.8 d,其中最小值出现在 2013 年,为 30 d,最大值出现在 1992 年,为 107 d,年霜期整体呈减逐年减少趋势(图 5.27),减少速率为 15.4 d/10a。近 30 年平均初霜日(图 5.28)和平均终霜日(图 5.29),初霜日呈延后趋势,延后速率为 5.3 d/10a,而终霜日则呈提前趋势,提前速率为 12.6 d/10a,即初霜日逐渐推迟,终霜日提前,霜期缩短。

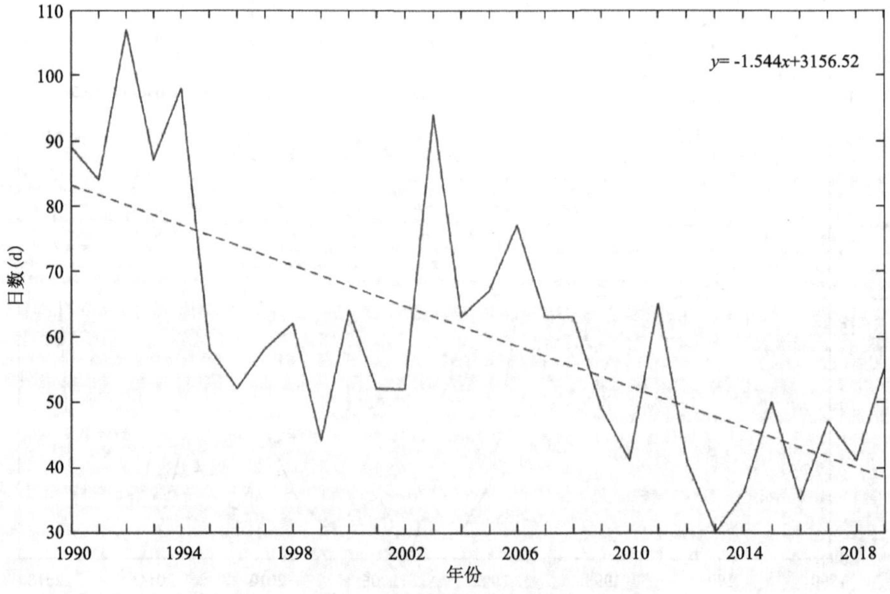

图 5.27 1990—2019 年伊金霍洛旗年霜期日数时序

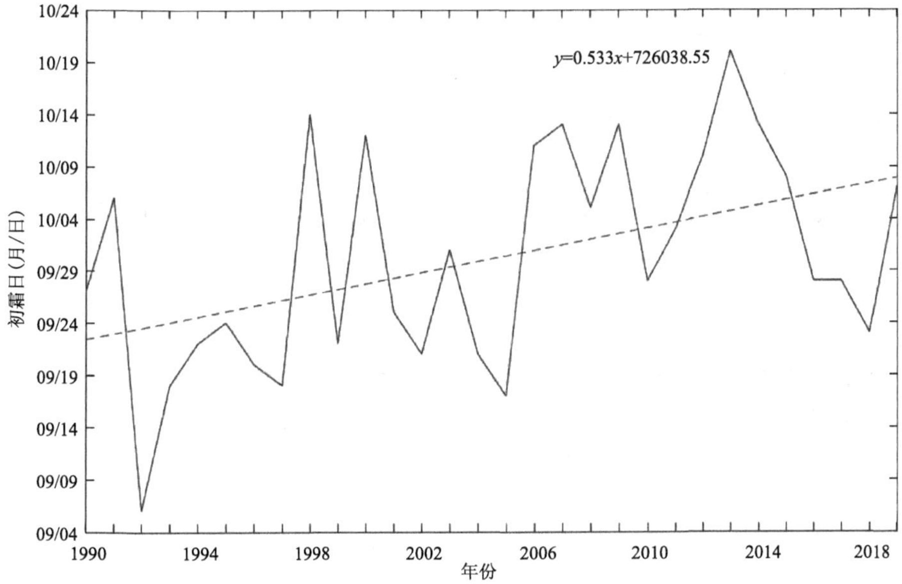

图 5.28　1990—2019 年伊金霍洛旗年初霜日时序

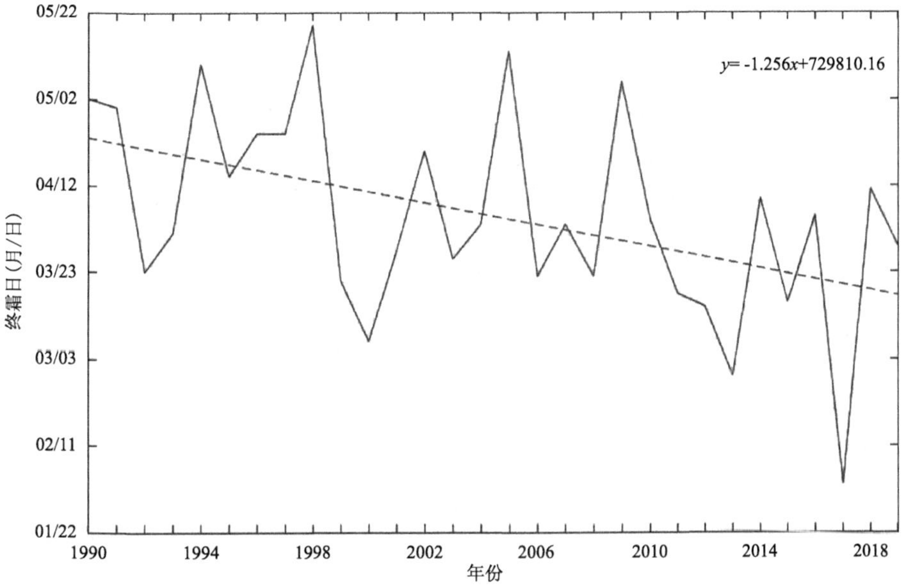

图 5.29　1990—2019 年伊金霍洛旗年终霜日时序

第 6 章　鄂托克旗气候特点分析

鄂托克旗位于鄂尔多斯市西部，东邻杭锦旗，西连宁夏陶乐县并隔黄河与石嘴山市和阿拉善盟相望，南接乌审旗和鄂托克前旗，西北界乌海市，是鄂尔多斯高原的重要组成部分。全旗南北长 209 km，东西宽 188 km，总面积 2.1 万 km^2。

鄂托克旗属于典型的温带大陆性季风气候，日照丰富，四季分明，无霜期短，降水少。鄂托克旗受中纬度和西伯利亚—蒙古冷高压的控制，气候干旱少雨，风大沙多，春迟秋旱，冬长夏短。

6.1　风

对鄂托克旗观测资料的统计研究表明，在过去 30 年间，鄂托克旗近地层风速呈先下降后增大的趋势（图 6.1），多年平均风速 2.5 m/s，其中 2010—2019 年年平均风速上升趋势明显，平均风速从 2.1 m/s 上升至 2.9 m/s，2010 年平均风速达最小值 1.9 m/s。该地区年大风日数较多(图 6.2)，近 30 年大风平均日数为 22.2 d，呈先下降后增多的趋势，1995 年出现大风日

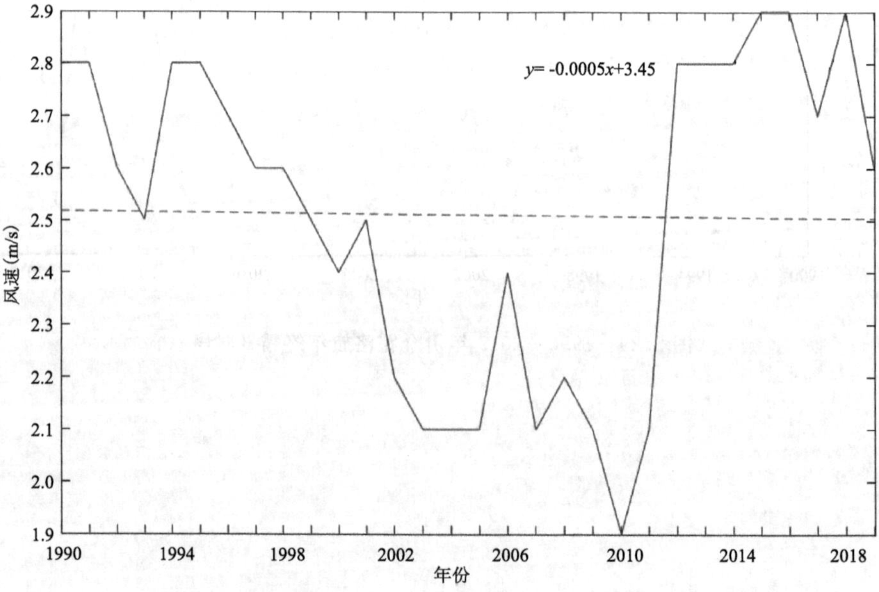

图 6.1　1990—2019 年鄂托克旗年平均风速时序

数最多，为 37 d。年平均最大风速变化呈减小的趋势，2011 年年平均最大风速最小，为 11.4 m/s(图 6.3)。30 年鄂托克旗年平均极大风速呈增大的趋势，变化速率为 3 (m/s)/10a(图 6.4)。鄂托克旗风速有明显的季节性变化特点，春季风最大，大风期长，大风集中期可持续至 6 月。统计多年平均风向频率(图 6.5)，主导风向为西西北，出现的频率 8.4%，次主导风向为北、北东北，所占频率分别为 8.1%和 7.7%。

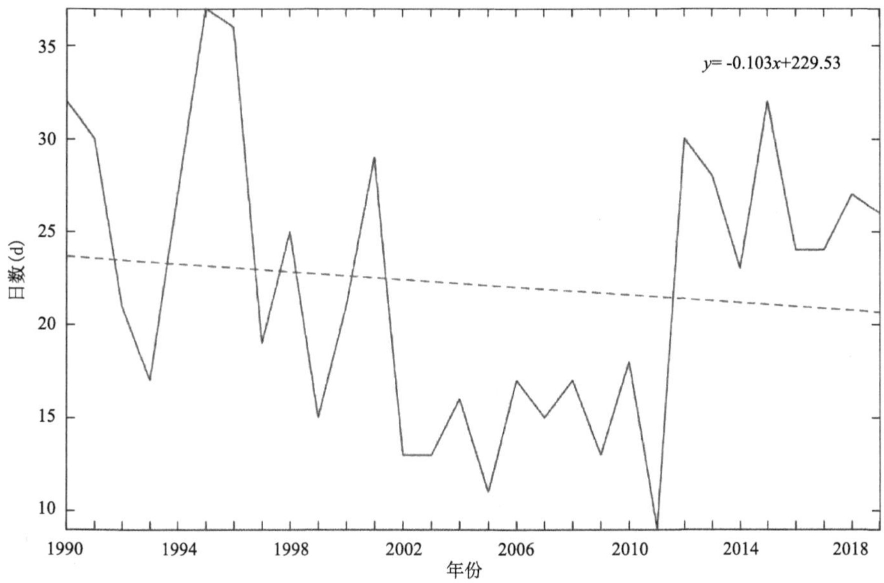

图 6.2　1990—2019 年鄂托克旗年大风日数时序

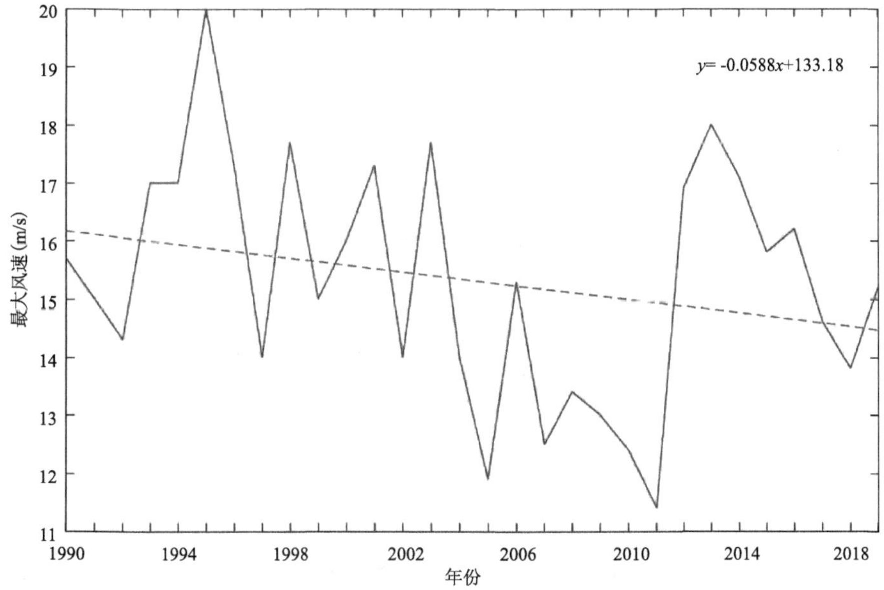

图 6.3　1990—2019 年鄂托克旗年平均最大风速时序

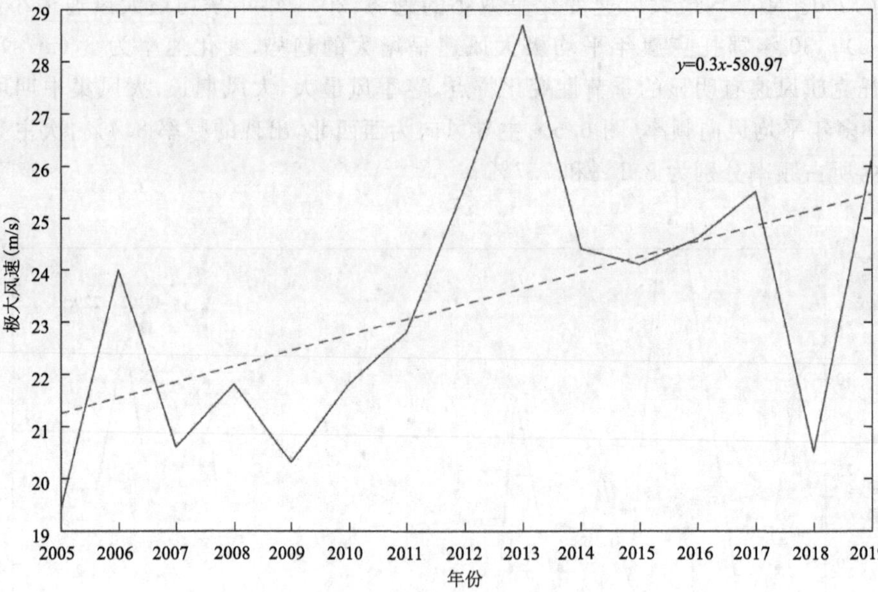

图 6.4　2005—2019 年鄂托克旗年平均极大风速时序

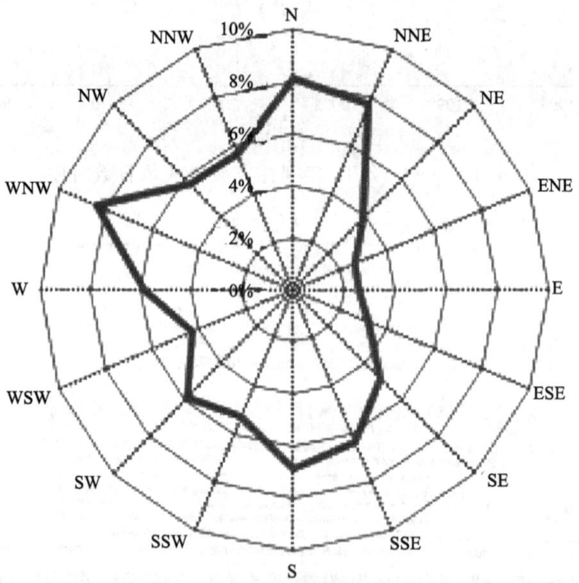

图 6.5　1990—2019 年鄂托克旗平均风向频率

6.2　降水

鄂托克旗近 30 年平均年降水量为 269.7 mm，降水主要集中在 6—9 月，占全年降水总量的 74%以上，最大日降水量为 105.2 mm，出现在 1995 年 8 月 31 日。2018 年为年降水量最多年(467.9 mm)；2005 年最小，仅 135.9 mm，两者相差 332 mm(图 6.6)。分析鄂托克旗 30 年年降水量距平时序(图 6.7),2016—2019 年年降水量较大,正距平年数较多,即该时段年降水量大于近 30 年平均年降水量。

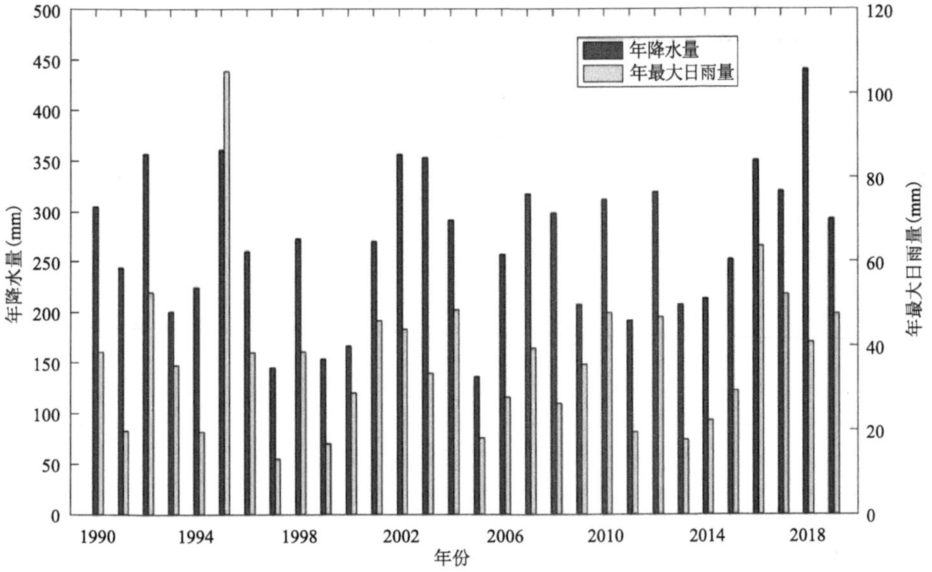

图 6.6　1990—2019 年鄂托克旗年降水量和最大日雨量时序

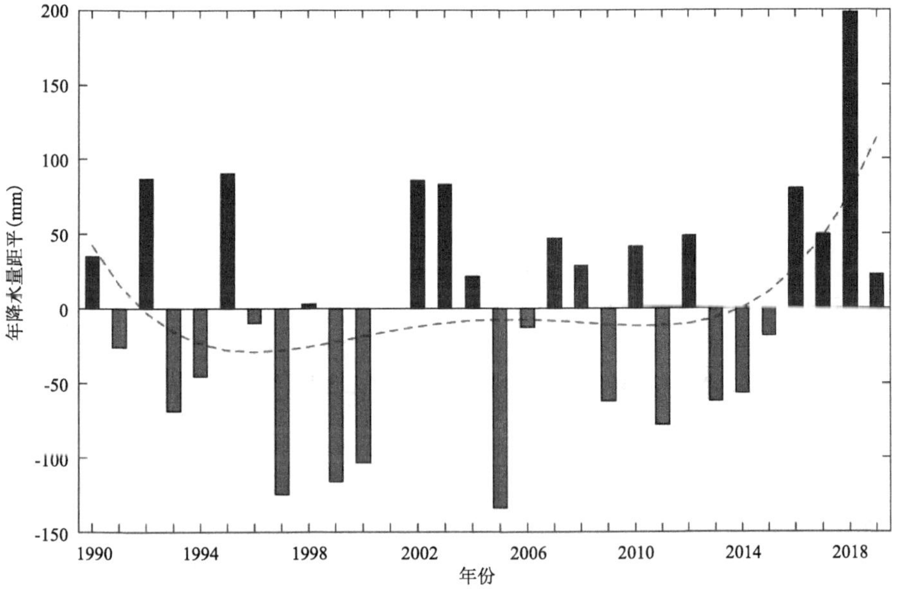

图 6.7　1990—2019 年鄂托克旗年降水量距平时序

6.3　积雪

鄂托克旗近 30 年积雪初日从整体上看稍有延后趋势,年平均积雪初日出现在 9 月 14 日,最早为 2017 年 10 月 9 日，最晚为 1998 年 3 月 7 日，积雪初日最早最晚出现时间相差 150 d（图 6.8）。积雪终日呈提前趋势，速率为 9.8 d/10a。平均积雪终日为 3 月 14 日，最早为 2012 年 1 月 21 日，最晚为 1990 年 5 月 6 日，积雪终日最早和最晚出现时间相差 106 d（图 6.9）。近 30 年鄂托克旗积雪日数整体呈下降趋势，下降速率为 1.8 d/10a，平均积雪日数为 18.3 d，最长出现在 2008 年，为 35 d，最短出现在 2013 年，仅 2 d（图 6.10）。

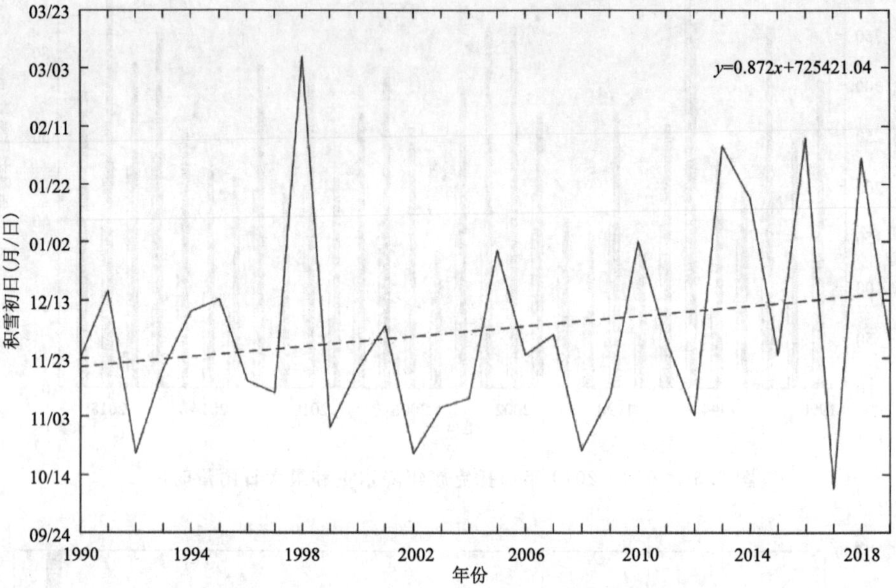

图 6.8　1990—2019 年鄂托克旗年积雪初日时序

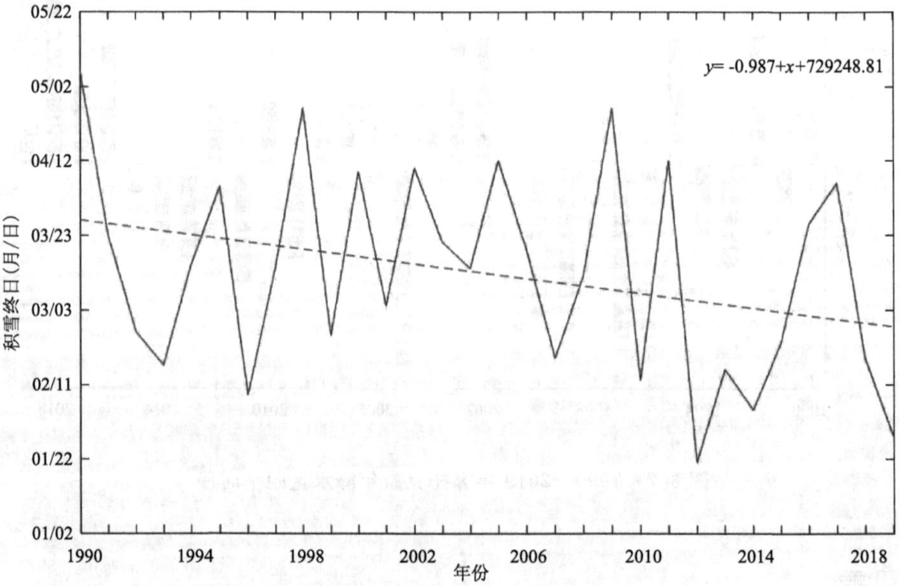

图 6.9　1990—2019 年鄂托克旗年积雪终日时序

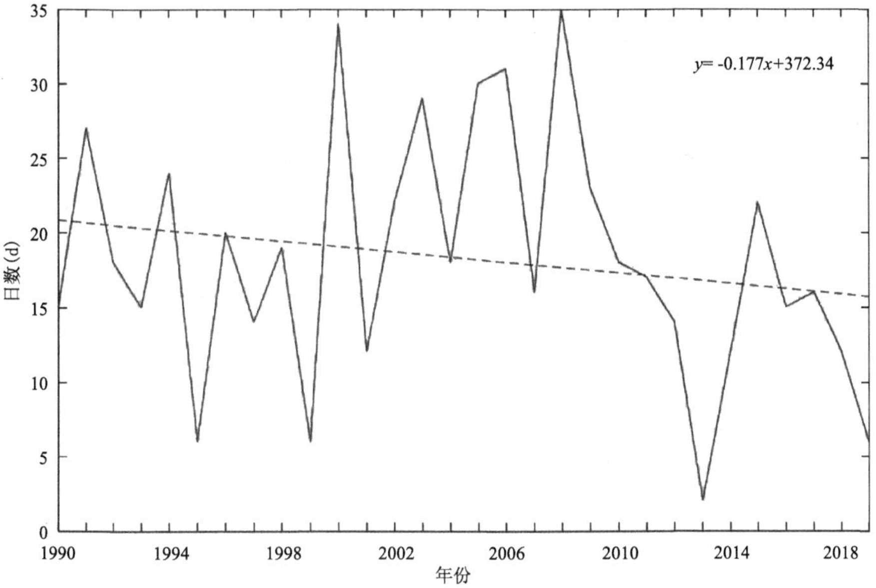

图 6.10　1990—2019 年鄂托克旗年积雪日数时序

6.4　湿度

鄂托克旗近 30 年平均相对湿度为 47%。总体而言，鄂托克旗的相对湿度呈上升趋势。最大年平均相对湿度为 52%，出现在 2003 年和 2016 年，最小湿度为 42%，出现在 1999 年和 2005 年，该地区的年平均湿度最大峰值与最小峰值相差 10 个百分点（图 6.11）。

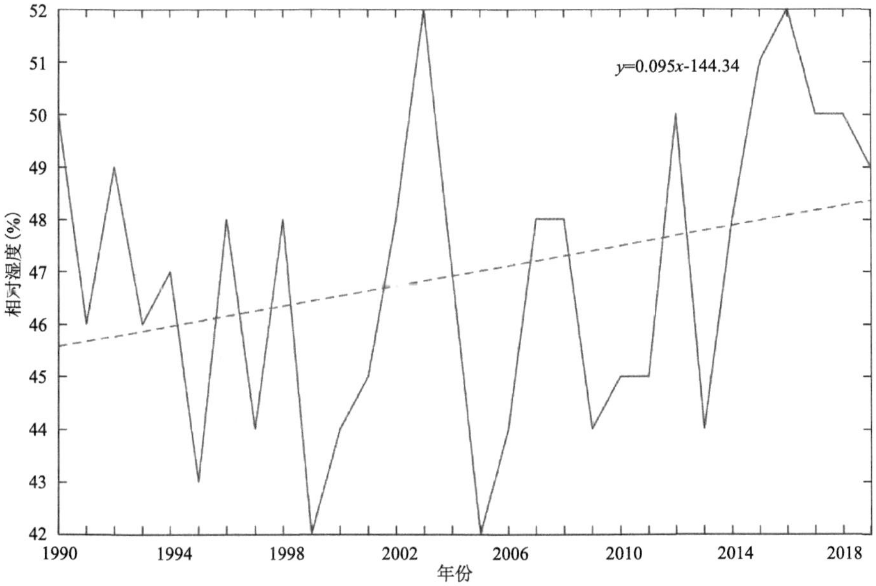

图 6.11　1990—2019 年鄂托克旗年平均相对湿度时序

6.5　气温

鄂托克旗近 30 年平均气温 7.75 ℃,该地区气温变化趋势不明显,年平均气温最高为 8.9 ℃,出现在 1998 年;最低为 6.5 ℃,出现在 2012 年(图 6.12)。鄂托克旗年平均最低气温呈下降趋势,速率为−0.29 ℃/10a(图 6.13);年平均最高气温呈上升趋势,速率为 0.26 ℃/10a(图 6.14)。

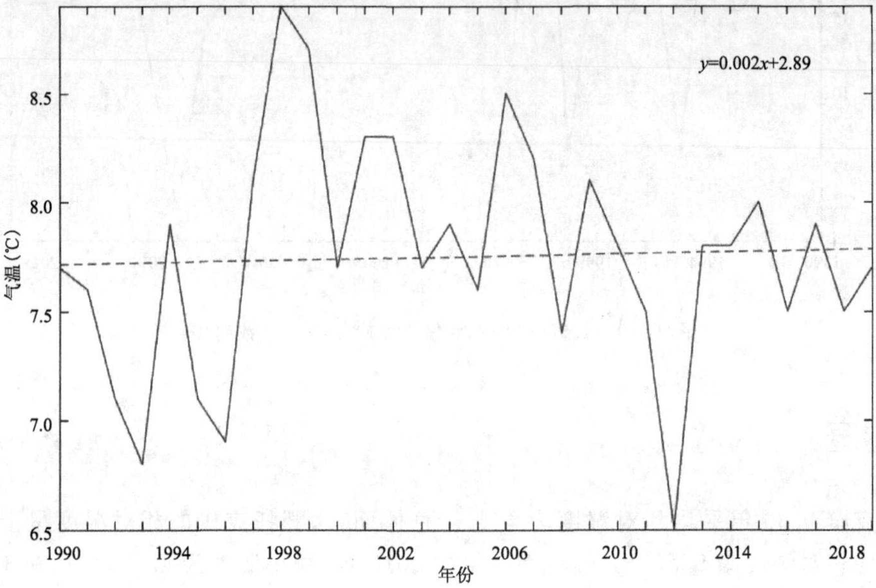

图 6.12　1990—2019 年鄂托克旗年平均气温时序

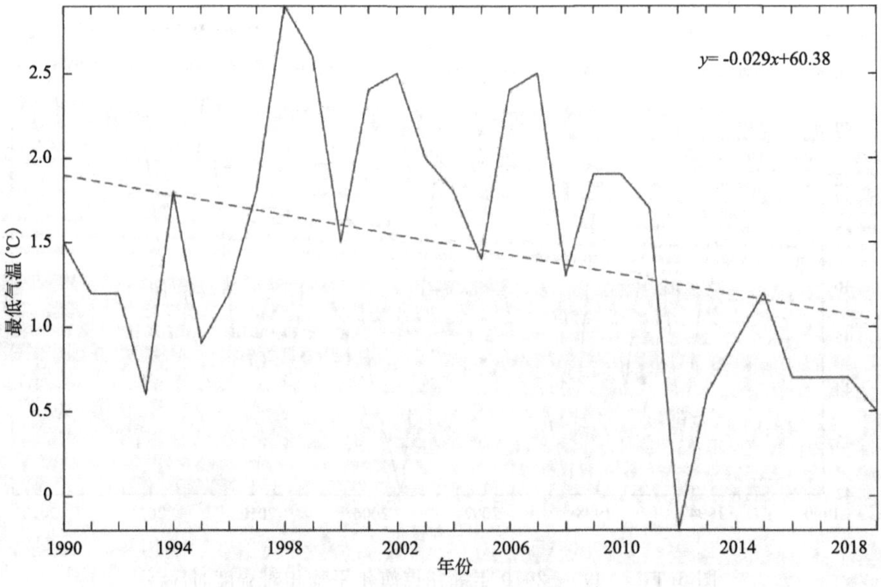

图 6.13　1990—2019 年鄂托克旗年平均最低气温时序

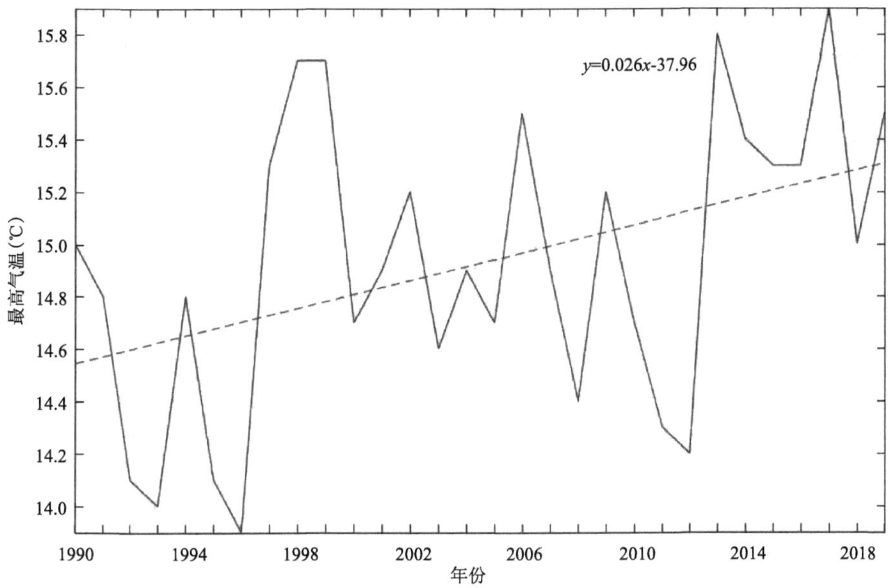

图 6.14　1990—2019 年鄂托克旗年平均最高气温时序

6.6　地表温度

鄂托克旗近 30 年平均地表温度为 10.5 ℃，年平均地表温度均在 11.5 ℃以下，但呈上升趋势，上升速率为 0.47 ℃/10a。年平均地表温度最低为 9 ℃，分别出现在 1995 年和 1996 年；年平均地表温度最高出现在 2006 年和 2009 年，为 11.5 ℃(图 6.15)。近 30 年鄂托克旗年平均最低地表温度(图 6.16)和最高地表温度(图 6.17)均呈上升趋势，上升速率分别为 0.73 ℃/10a 和 0.26 ℃/10a。

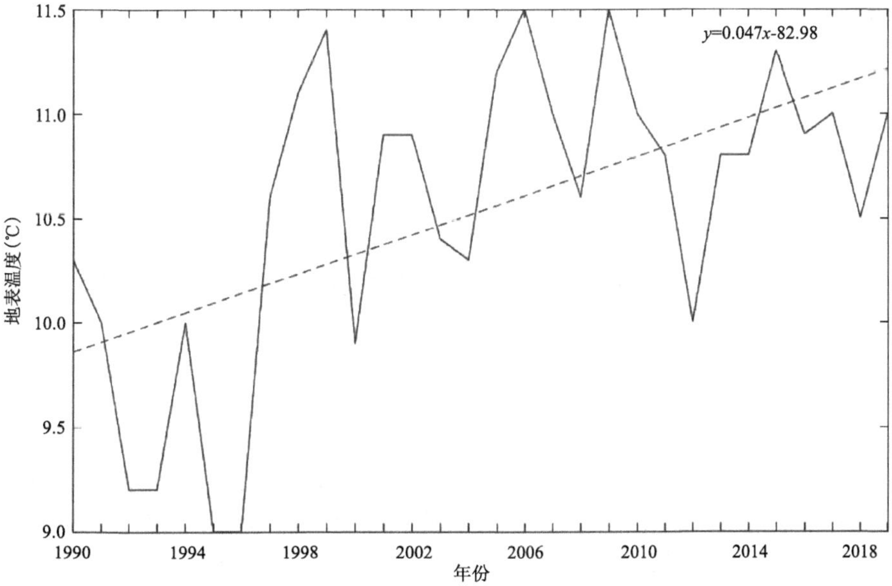

图 6.15　1990—2019 年鄂托克旗年平均地表温度时序

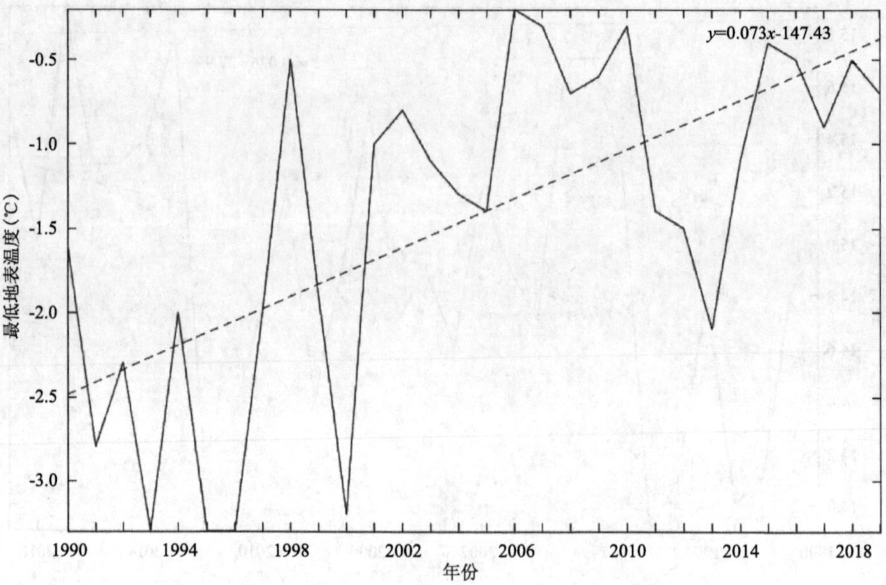

图 6.16 1990—2019 年鄂托克旗年平均最低地表温度时序

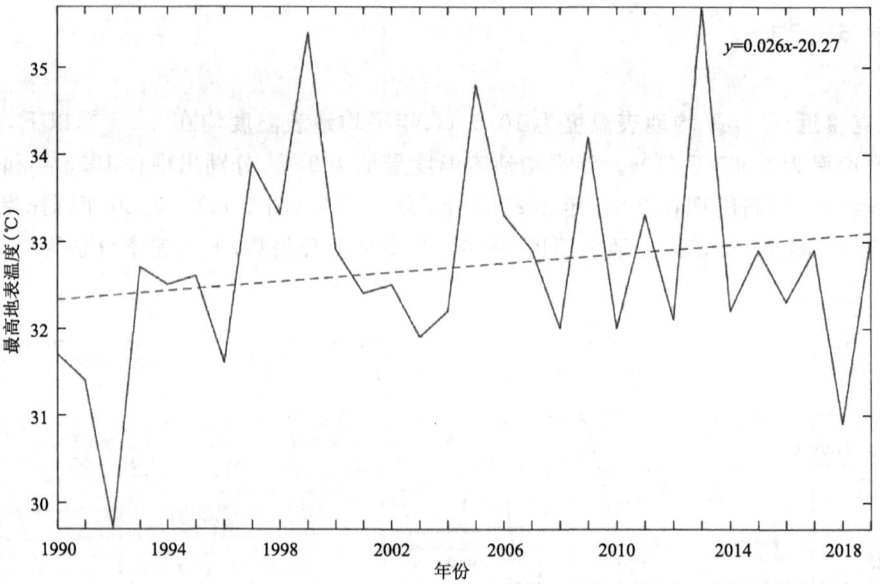

图 6.17 1990—2019 年鄂托克旗年平均最高地表温度时序

6.7 积温

鄂托克旗日平均气温稳定通过 0 ℃和 10 ℃的年平均积温分别为 3292～3826.2 ℃·d、2735.7～3421.8 ℃·d。分析近 30 年≥0 ℃积温数据，该地区≥0 ℃积温呈上升的趋势，上升速率为 60.96 ℃·d /10a。其≥0 ℃积温最大值出现在 2005 年，为 3826.2 ℃·d；最小值出现在 1992 年，为 3292 ℃·d(图 6.18)。该地区≥10 ℃积温也呈上升的趋势，上升的速率为

70.3 ℃·d /10a,≥10 ℃积温最大值出现在1998年,为3421.8 ℃·d;最小值出现在1995年,为2735.7 ℃·d(图6.19)。

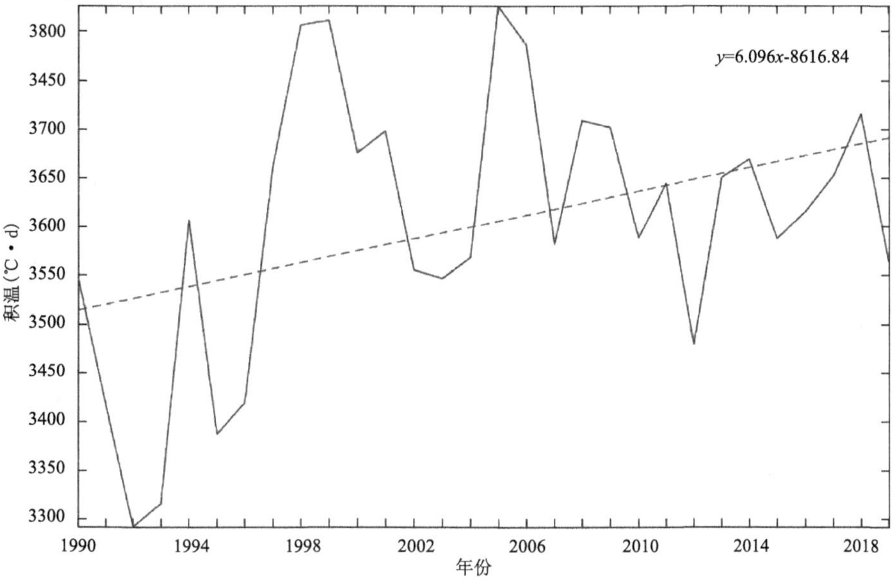

图6.18　1990—2019年鄂托克旗年平均气温≥0 ℃积温时序

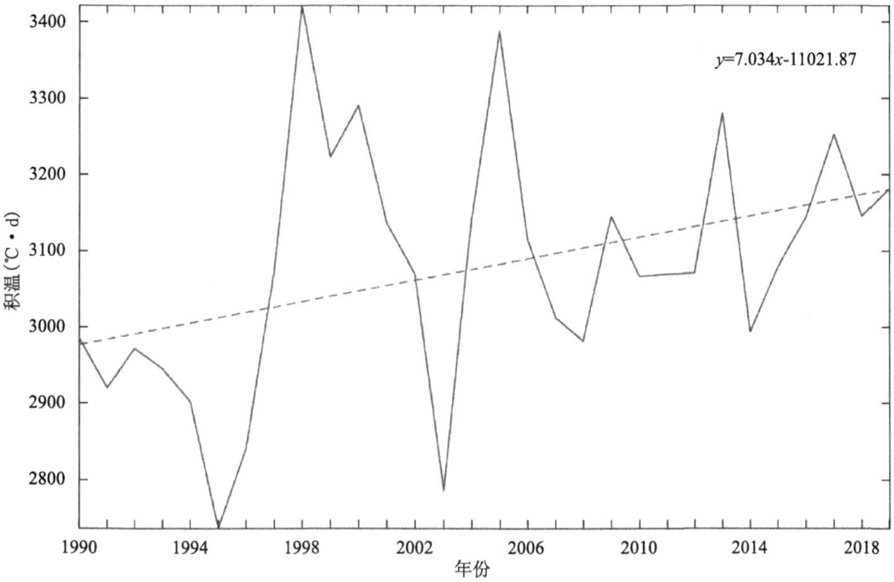

图6.19　1990—2019年鄂托克旗年平均气温≥10 ℃积温时序

6.8 冻土

鄂托克旗近30年最大冻土深度呈缓慢减小的趋势,冻土深度变化率为−0.68 cm/10a,最大冻土深度平均值为 117.76 cm，最大值出现在 2016 年，为 144 cm(图 6.20)。鄂托克旗近 30 年年最大冻土深度首次出现日期变化趋势不明显(图 6.21)，最大冻土持续时间平均为 4.23 d，1990—2009 年，冻土持续时间呈下降趋势，2010 年和 2019 年冻土持续时间达到最长，为 9 d(图 6.22)。

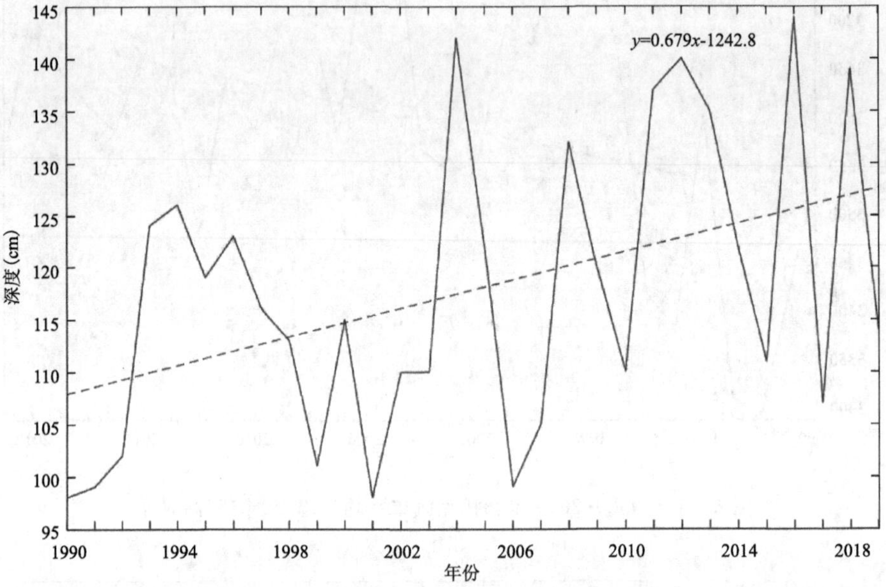

图 6.20　1990—2019 年鄂托克旗最大冻土深度时序

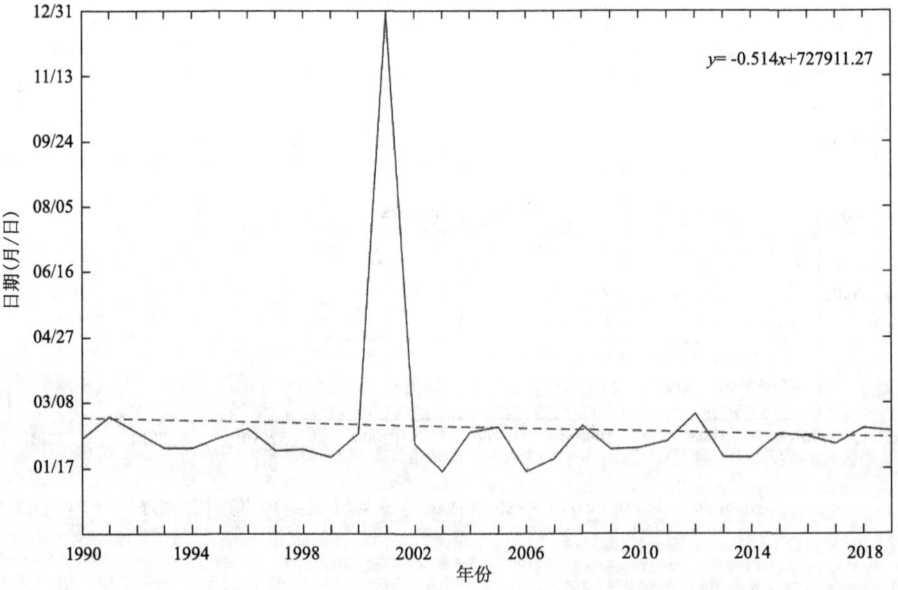

图 6.21　1990—2019 年鄂托克旗最大冻土深度首次出现日期时序

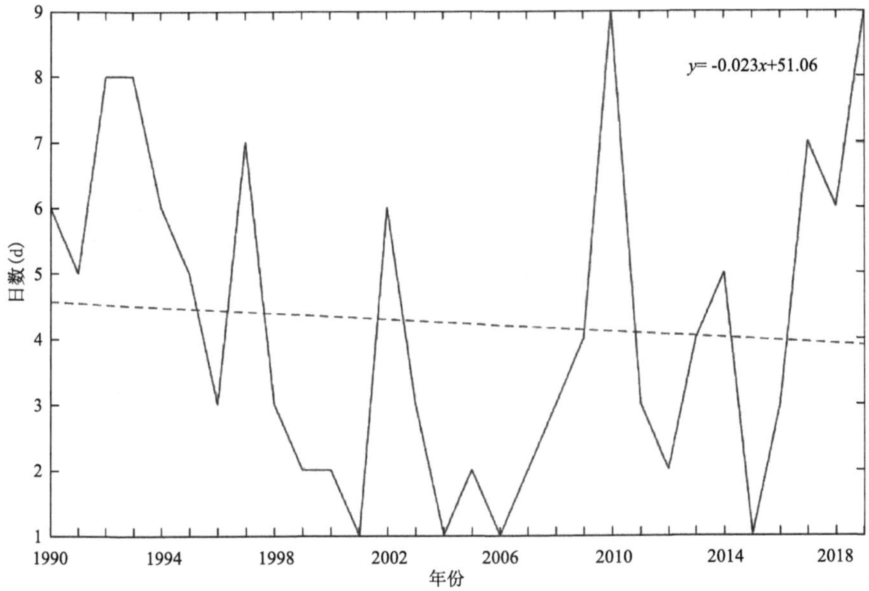

图 6.22　1990—2019 年鄂托克旗最大冻土深度出现日数时序

6.9　日照

分析鄂托克旗近 30 年年日照数据(图 6.23),年平均日照 2875.9 h,即每天平均日照约 7.88 h。近 30 年鄂托克旗的年日照时数变化趋势不明显,有缓慢上升的趋势,上升速率为 9.9 h/10a,2011—2019 年上升速率较大。最大年日照时数出现在 2019 年,日照时数达到 3089.3 h;最小年日照时数出现在 2011 年(2676.6 h),极差 412.7 h。

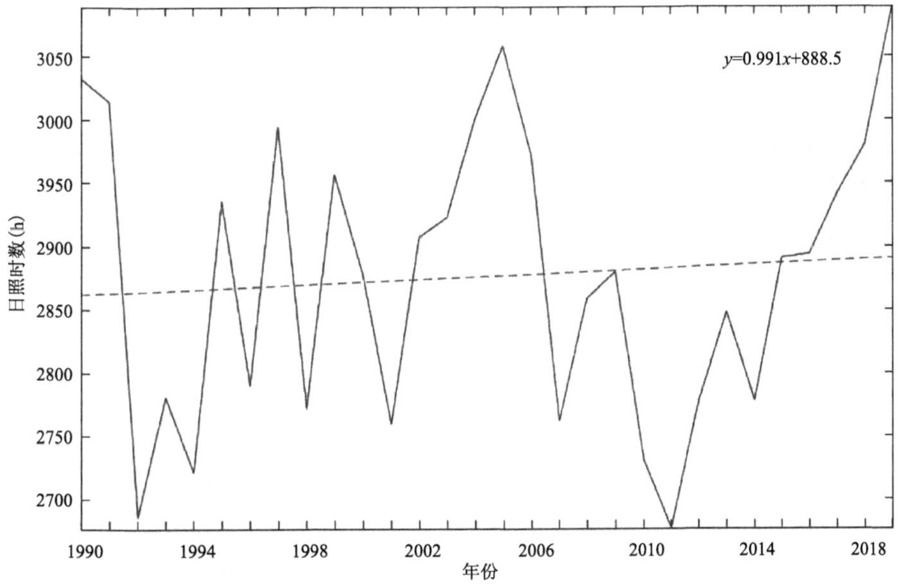

图 6.23　1990—2019 年鄂托克旗年日照时数时序

6.10 天气现象

1. 沙尘

鄂托克旗近30年沙尘日数呈显著减少趋势，其中平均年浮尘日数仅1.67 d，最大年浮尘日数为10 d，出现在2001年(图6.24)。近30年年扬沙日数总体呈减少的趋势(图6.25)，减少的速率为10.5 d/10a，平均年扬沙日数为18.2 d；最大年扬沙日数为41 d，出现在1990年。

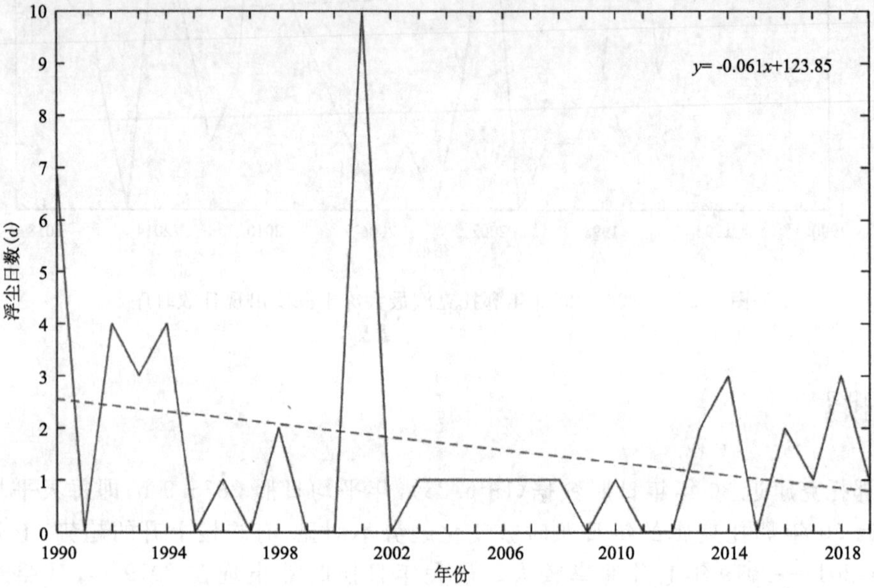

图6.24　1990—2019年鄂托克旗年浮尘日数时序

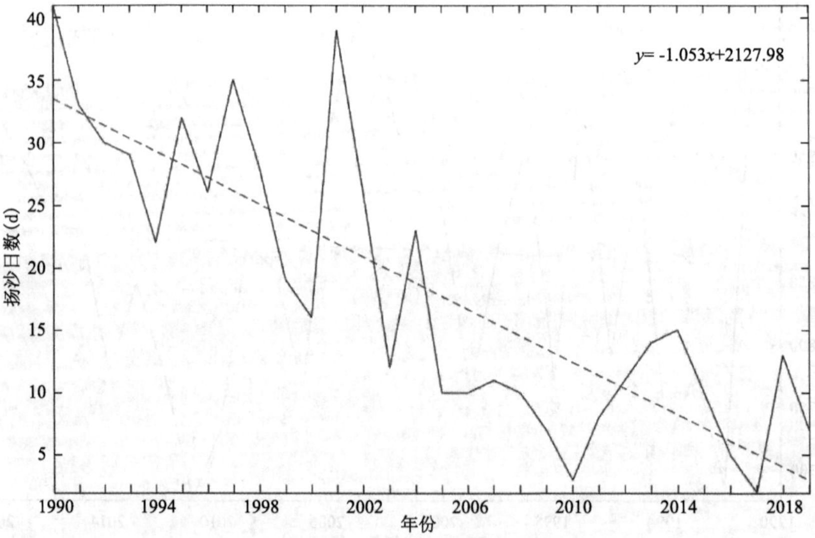

图6.25　1990—2019年鄂托克旗年扬沙日数时序

鄂托克旗沙尘暴日数呈减少的趋势(图 6.26),减少的速率为 3.7 d/10a,近 30 年平均年沙尘暴日数为 4.5 d,最大年沙尘暴日数为 18 d,出现在 2001 年,且 2014—2019 年未出现沙尘暴天气。

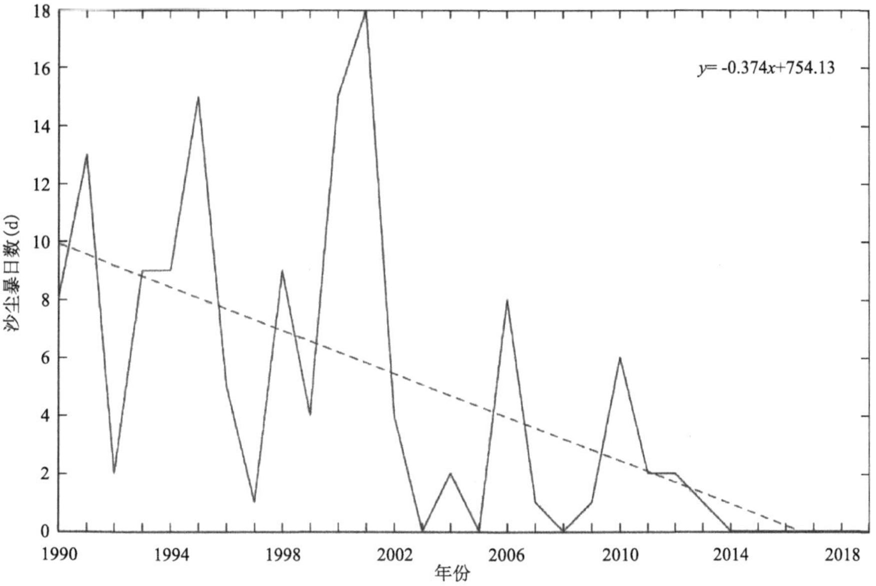

图 6.26　1990—2019 年鄂托克旗年沙尘暴日数时序

2. 霜冻

鄂托克旗近 30 年平均年霜期为 51.6 d,变化趋势不明显(图 6.27)。近 30 年平均初霜日(图 6.28)和平均终霜日(图 6.29)分别为 10 月 4 日和 4 月 6 日,其中初霜日呈现延后的趋势,

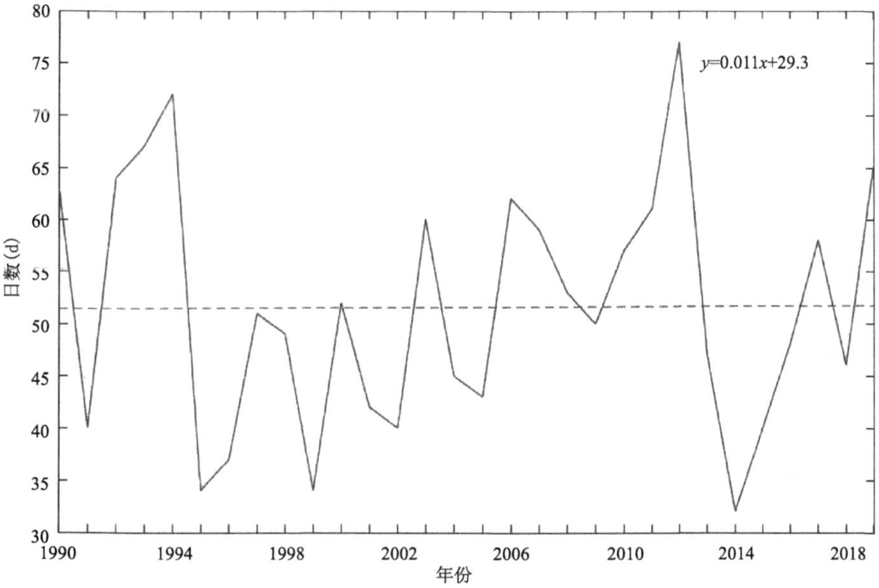

图 6.27　1990—2019 年鄂托克旗年霜期日数时序

变化速率为 3.4 d/10a;终霜日呈缓慢延后的趋势,即初霜日逐渐延迟,终霜日基本不变,无霜期延长。

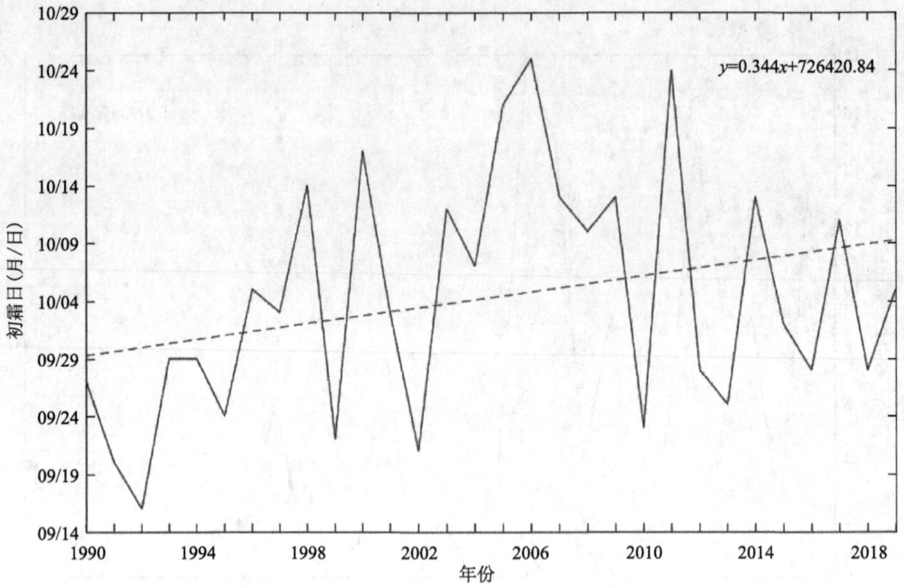

图 6.28　1990—2019 年鄂托克旗年初霜日时序

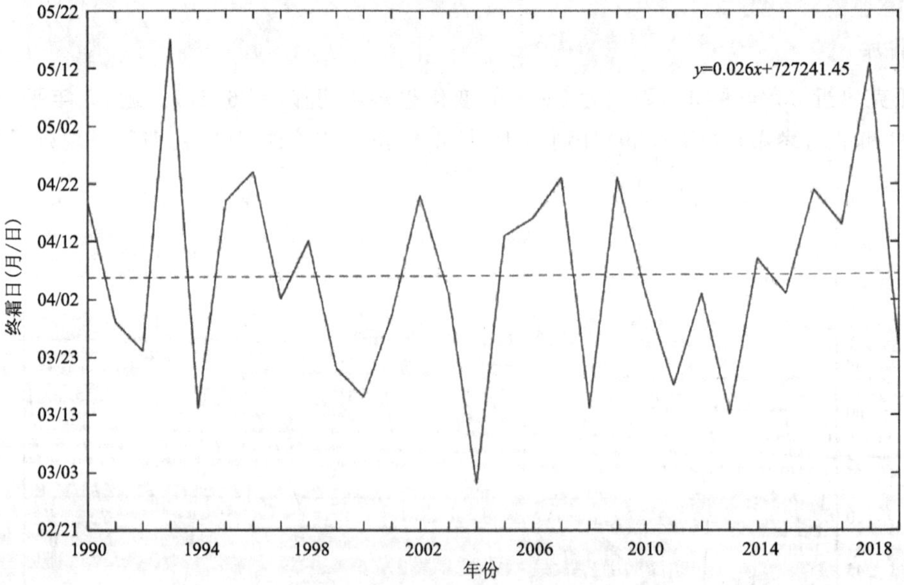

图 6.29　1990—2019 年鄂托克旗年终霜日时序

第 7 章　乌审旗气象要素特点分析

乌审旗位于鄂尔多斯市西南部，北靠伊金霍洛旗、杭锦旗，东、南两面隔长城与陕西省接壤，西与鄂托克旗、鄂托克前旗搭界，乌审旗总面积 11645 km^2。乌审旗地处毛乌素沙漠腹部，地势由西北向东南倾斜，海拔一般在 1300～1400 m。

乌审旗受蒙古高压和季风影响，冬春受大陆干冷气团控制，干燥多风、降水稀少；夏季受海洋暖湿气流影响，降水集中。四季温差大，无霜期短，光照条件较好。

7.1 风

对乌审旗站观测资料的统计研究表明，在过去 30 年间，乌审旗年平均风速呈下降趋势（图 7.1），下降速率为 0.04 (m/s)/10a。2009 年平均风速从 2.4 m/s 下降至 30 年内最低值 1.8 m/s，然后在 2 m/s 上下浮动，2016 年急剧升至 30 年内最高值 2.5 m/s。30 年间平均风速为 2.2 m/s，平均风速最大值出现在 2016、2018 年，为 2.5 m/s；最小值出现在 2009 年，为 1.8 m/s。近 30 年大风平均日数为 12.6 d(图 7.2)，呈减少趋势，2002 年大风日数最多，达到

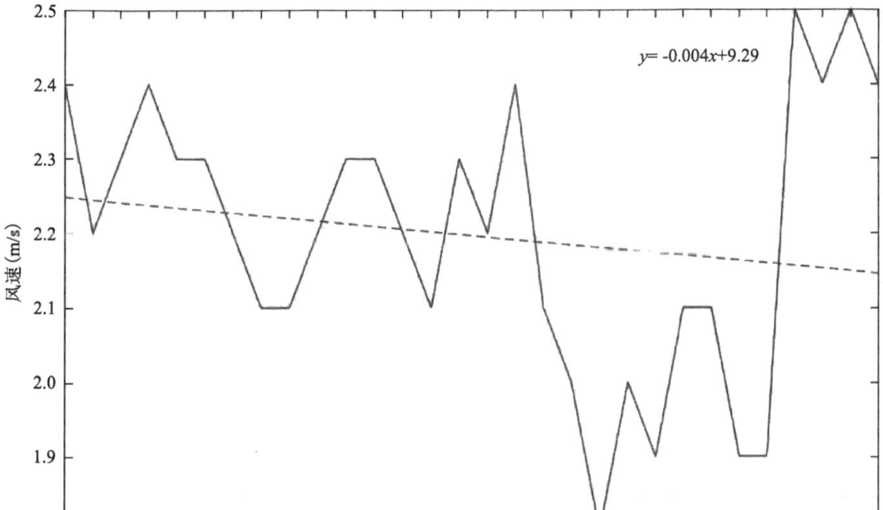

图 7.1　1990—2019 年乌审旗年平均风速时序

26 d,2011 年最少仅有 4 d。近 30 年乌审旗年平均最大风速同样呈减小趋势(图 7.3),下降速率为 1.02 (m/s)/10a。而 2005—2019 年平均极大风速呈增大趋势(图 7.4),2012 年年平均极大风速最大,为 24 m/s。乌审旗风速具有明显的季节变化,极大风速和最大风速多集中出现在 5—7 月。统计 30 年间平均风向频率(图 7.5),该地区风向主要集中在北、北西北向,所占频率均为 8.5%。

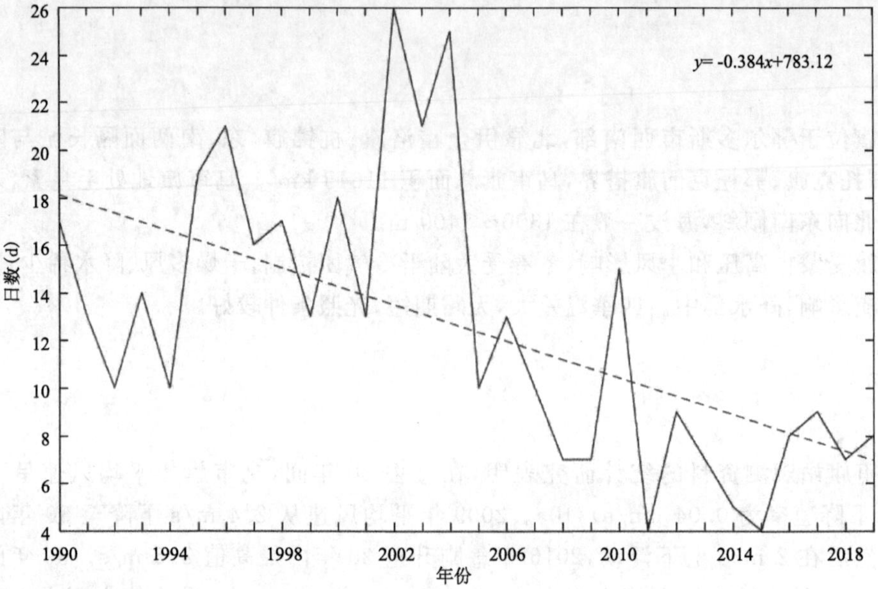

图 7.2　1990—2019 年乌审旗年大风日数时序

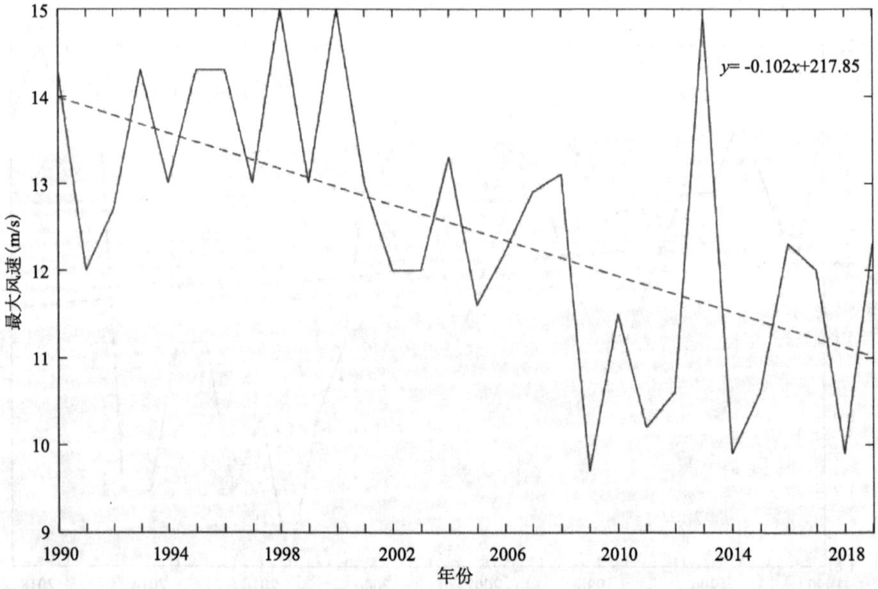

图 7.3　1990—2019 年乌审旗年平均最大风速时序

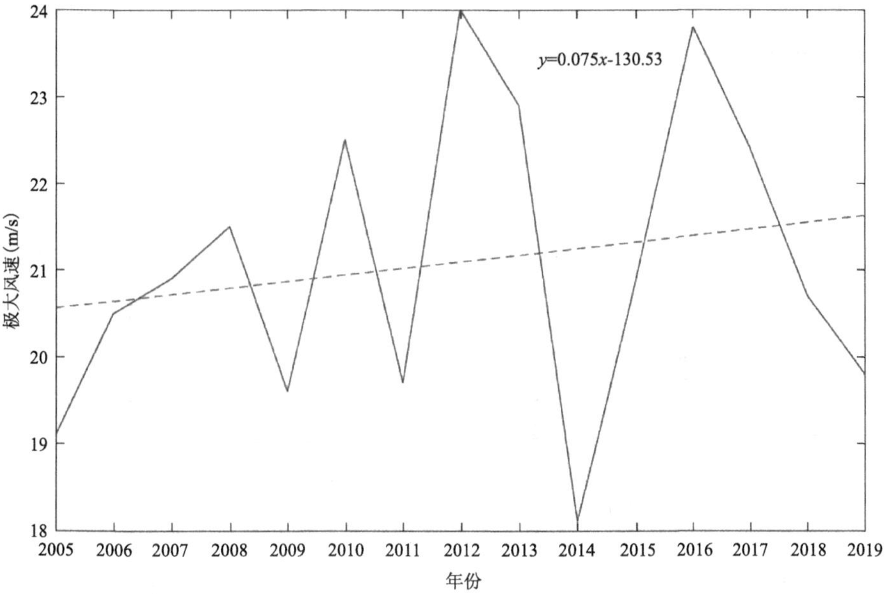

图 7.4　2005—2019 年乌审旗年平均极大风速时序

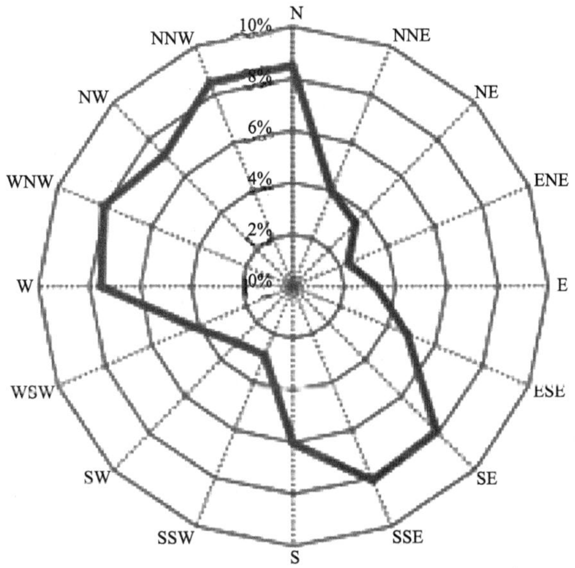

图 7.5　2005—2019 年乌审旗平均风向频率

7.2　降水

乌审旗近 30 年平均年降水量为 364.5 mm，降水主要集中在 5—8 月，占全年降水总量 70%以上，最大日雨量达到 121.2 mm，出现在 2002 年 7 月 31 日。近 30 年间平均降水量最大为 613.6 mm，出现在 2002 年；最小值仅有 164.3 mm，出现在 1999 年，相差达 449.3 mm(图 7.6)。通过乌审旗 30 年降水量距平时序(图 7.7)可以发现，2005 年前呈负距平年数较多，即该时段年降水量小于近30年平均降水量,2005年后呈正距平年数较多,即该时段年降水量大于近30年平均降水量。

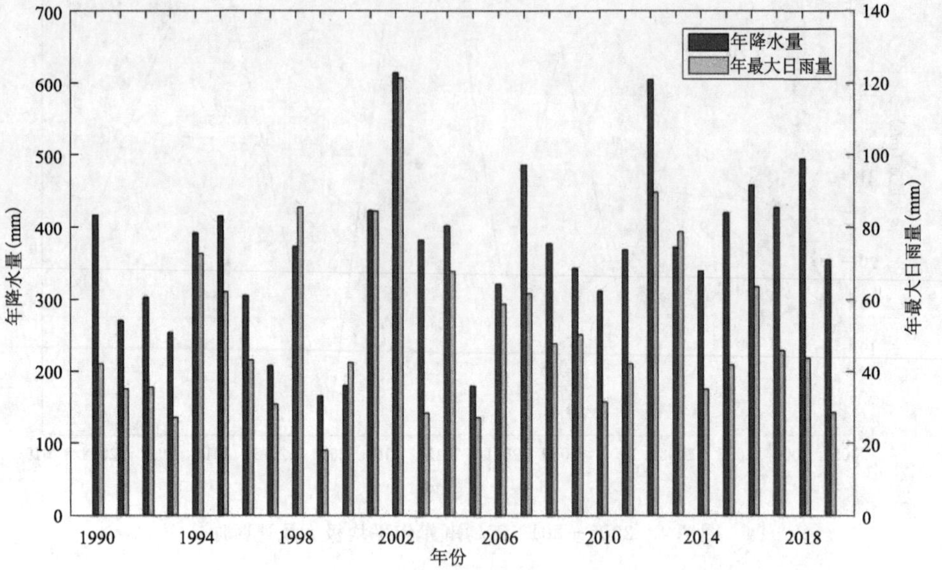

图7.6　1990—2019年乌审旗年降水量最大日雨量时序

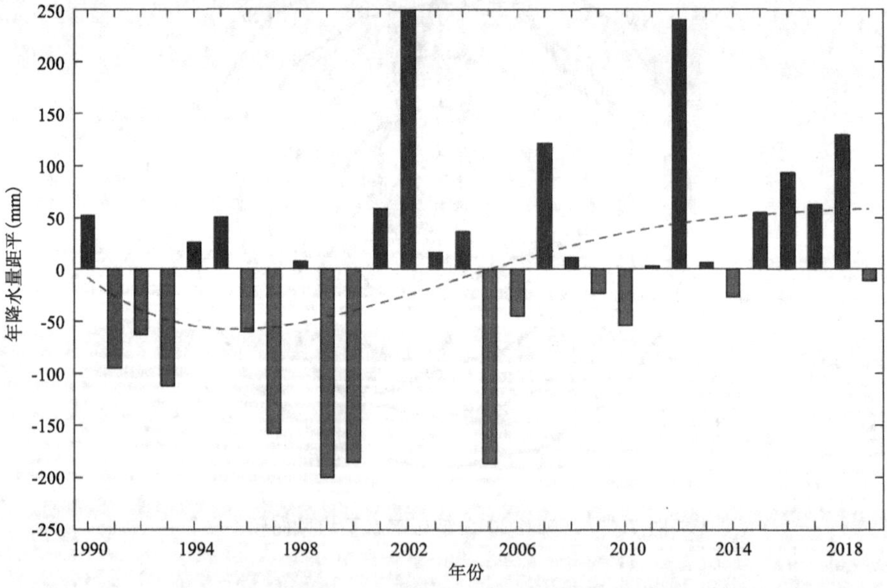

图7.7　1990—2019年乌审旗年降水量距平时序

7.3 积雪

乌审旗近30年积雪初日从整体上看稍有提前趋势,年平均积雪初日出现在9月30日,最

早为2017年10月10日，最晚为1998年3月8日，积雪初日最早最晚出现时间相差150 d(图7.8)。平均积雪终日为3月16日，最早为2012年1月21日，最晚为2013年4月25日，积雪终日最早和最晚出现时间相差94 d(图7.9)。近30年乌审旗积雪日数整体呈上升趋势，平均积雪日数为26 d，最多出现在2012年，为56 d，最少出现在2013年，仅3 d(图7.10)。

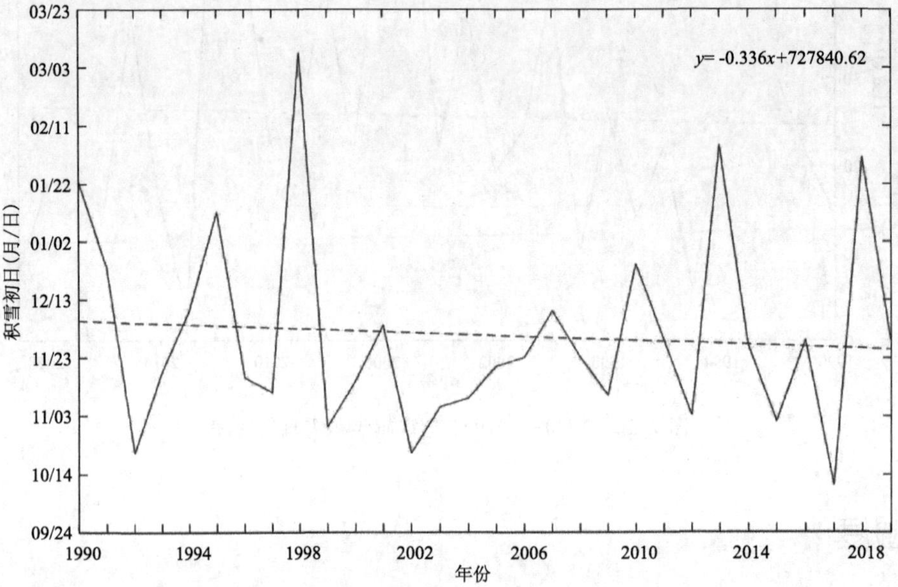

图7.8 1990—2019年乌审旗年积雪初日时序

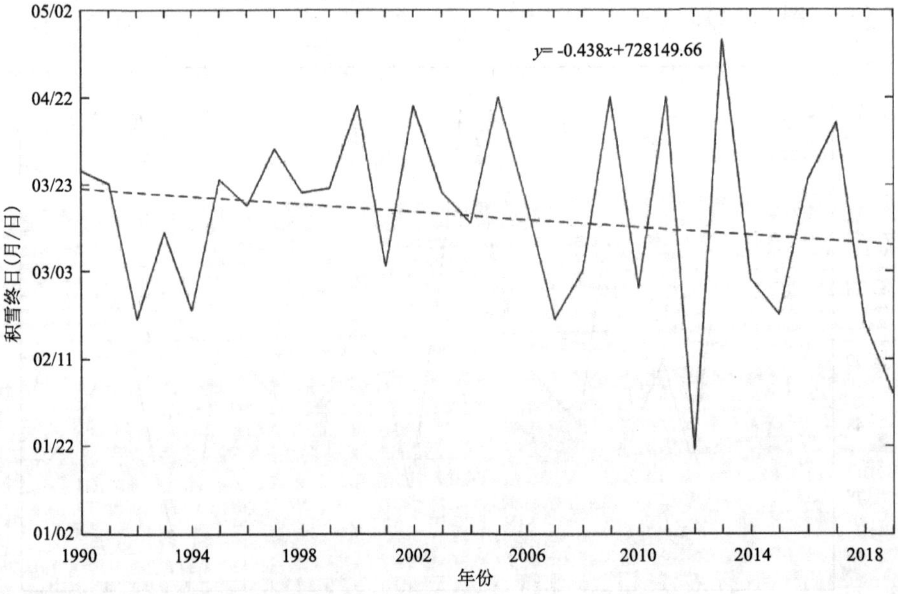

图7.9 1990—2019年乌审旗年积雪终日时序

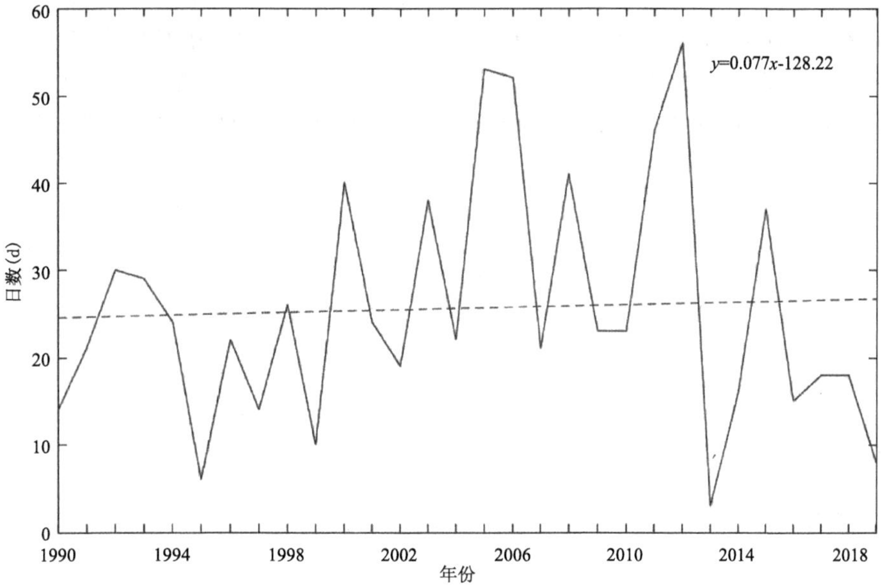

图 7.10　1990—2019 年乌审旗年积雪日数时序

7.4　湿度

乌审旗近 30 年平均相对湿度为 49.9%。该地区年平均相对湿度总体呈现下降趋势,平均相对湿度最大值出现在 2003 年,为 59%;平均相对湿度最小值出现在 2013 年,为 43%,极差 16 个百分点(图 7.11)。

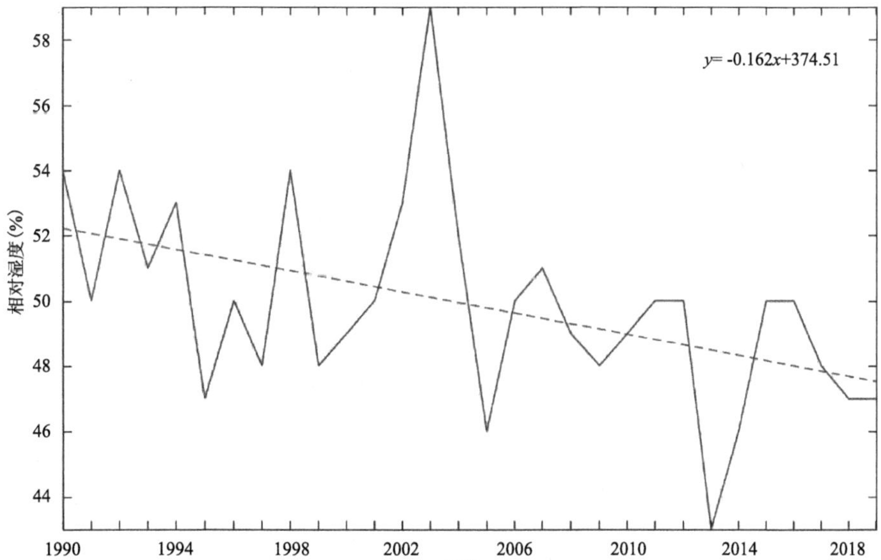

图 7.11　1990—2019 年乌审旗年平均相对湿度时序

7.5 气温

乌审旗年平均气温均在 9.6 ℃以下，近 30 年平均气温为 8.4 ℃。该地区气温序列呈上升趋势，30 年气温升高率为 0.54 ℃/10a（图 7.12）。乌审旗年平均最低气温（图 7.13）和最高气温（图 7.14）显示，1993 年年平均最低气温只有 0.8 ℃，1998 年、1999 年和 2013 年的年平均最高气温达到了 16.4 ℃。近 30 年乌审旗年平均最低气温和最高气温分别以 0.82 ℃/10a 和 0.29 ℃/10a 的速率上升。

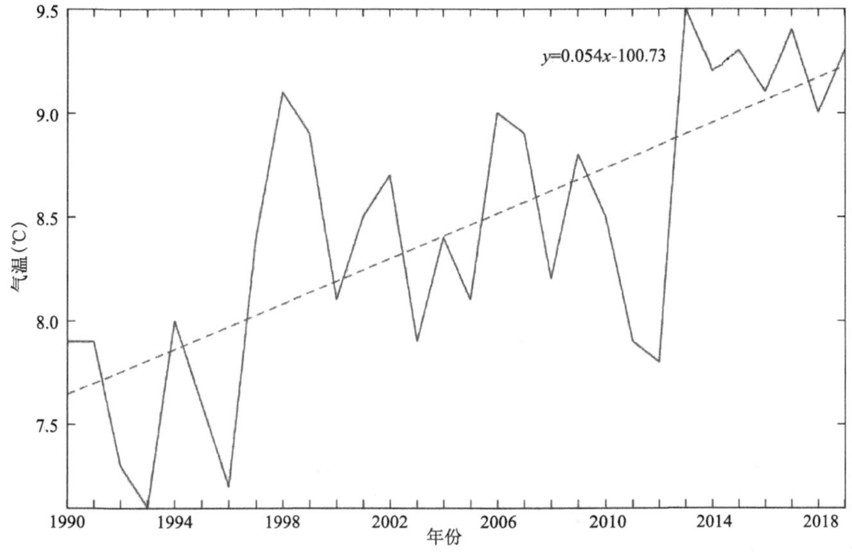

图 7.12 1990—2019 年乌审旗年平均气温时序

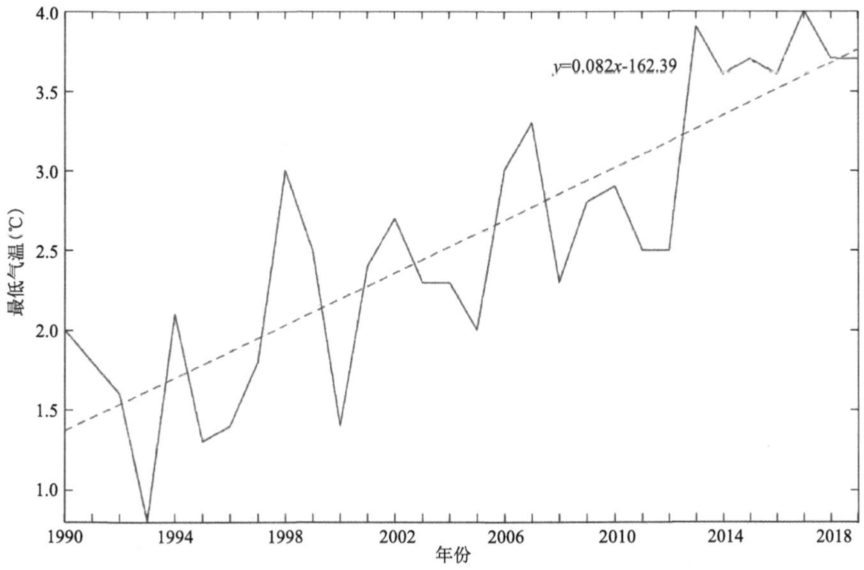

图 7.13 1990—2019 年乌审旗年平均最低气温时序

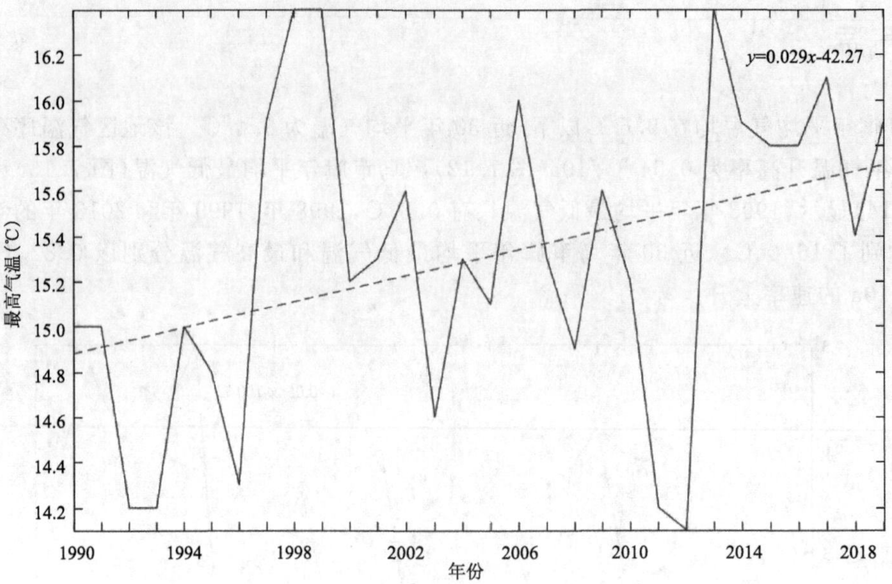

图 7.14　1990—2019 年乌审旗年平均最高气温时序

7.6　地表温度

乌审旗近 30 年平均地表温度为 11 ℃,年平均地表温度均在 13 ℃以下,呈现上升趋势,上升速率为 0.82 ℃/10 a。年平均地表温度最高值出现在 2019 年,为 12.5 ℃;最低值出现在 1992 年和 1996 年,为 9.2 ℃(图 7.15)。近 30 年乌审旗年平均最低地表温度(图 7.16)和最高地表温度(图 7.17)均呈上升趋势,上升速率分别为 1.21 ℃/10a 和 0.61 ℃/10a。

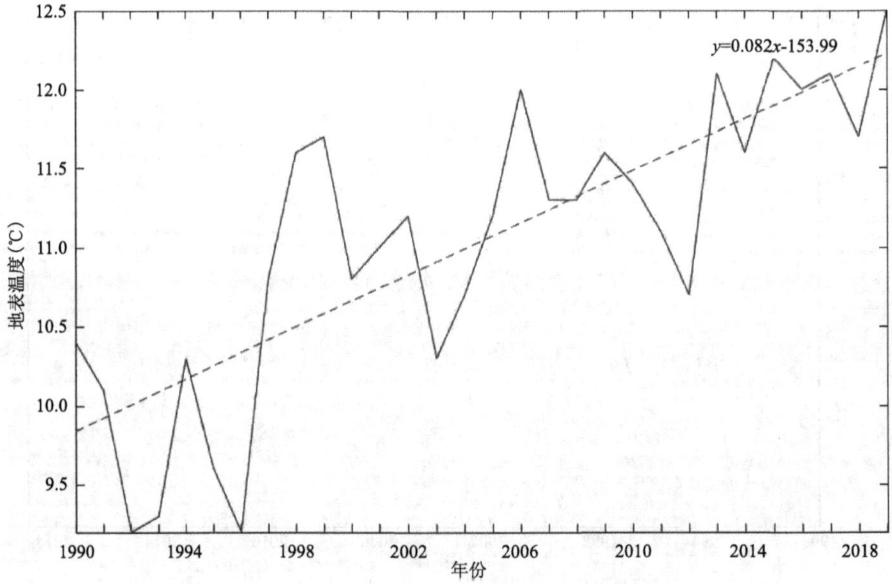

图 7.15　1990—2019 年乌审旗年平均地表温度时序

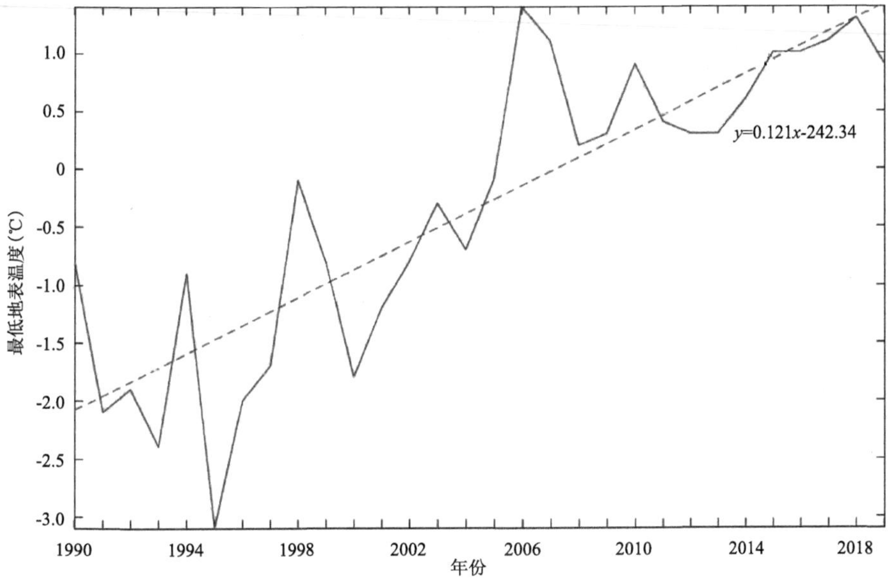

图 7.16　1990—2019 年乌审旗年平均最低地表温度时序

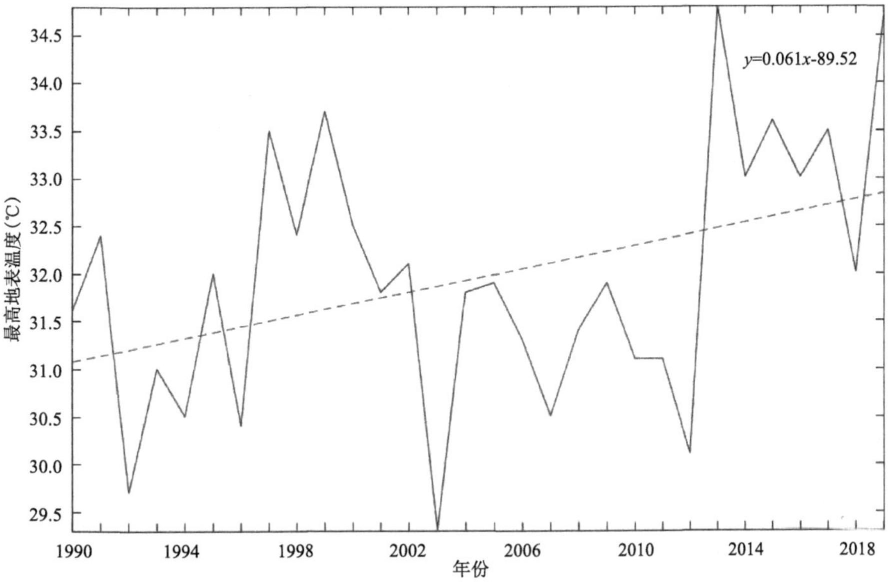

图 7.17　1990—2019 年乌审旗年平均最高地表温度时序

7.7　积温

乌审旗日平均气温稳定通过 0 ℃和 10 ℃的年平均积温分别为 3331.1～3989.3 ℃ · d、2757.6～3510.2 ℃ · d。分析近 30 年≥0 ℃积温，该地区≥0 ℃积温呈上升趋势且变化幅度较大，上升速率为 152.5 ℃ · d /10a，其≥0 ℃积温最大值出现在 2019 年，为 3989.3 ℃ · d；最小值出现在 1992 年，为 3331.1 ℃ · d(图 7.18)。该地区≥10 ℃的积温整体呈上升趋势，上升速率为 152.3 ℃ · d /10a，其≥10 ℃积温的最大值出现在 2017 年，为 3510.2 ℃ · d；最小值出现在 1995 年，为 2757.6 ℃ · d(图 7.19)。

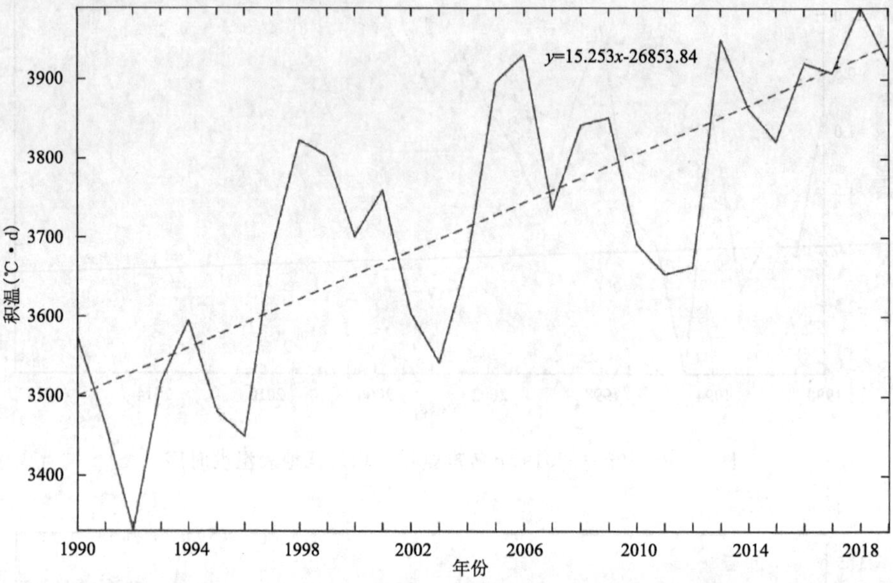

图 7.18　1990—2019 年乌审旗年平均气温≥0 ℃的积温时序

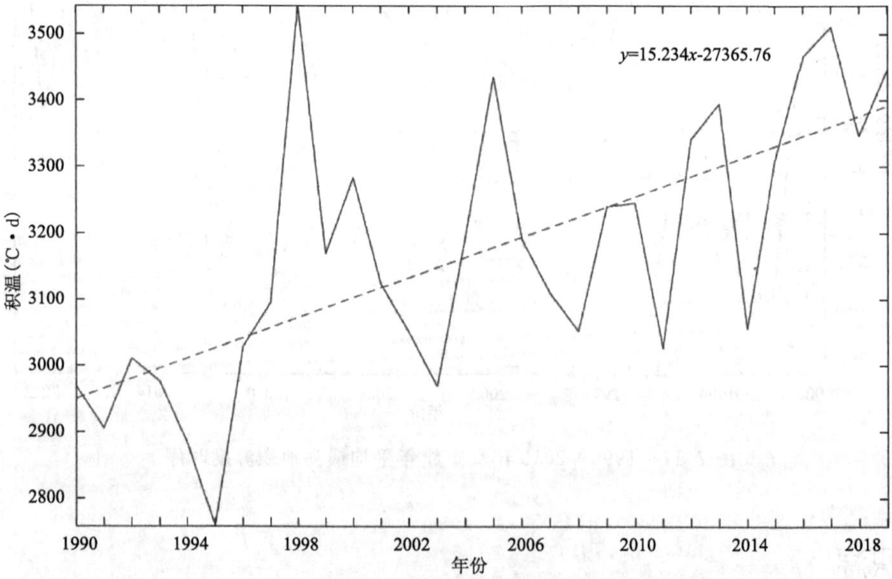

图 7.19　1990—2019 年乌审旗年平均气温≥10 ℃的积温时序

7.8　冻土

乌审旗近 30 最大冻土深度呈现逐年减小趋势，冻土深度变化率为－3.08 cm/10a，最大冻土深度平均值为 90.7 cm，最大值出现在 1994 年，为 115 cm(图 7.20)。该地区近 30 年年最大冻土深度首次出现日期呈提前趋势(图 7.21)，冻土持续时间平均为 3.8 d，1990—2009 年，冻土持续时间在平均值上下来回波动，2007 年冻土持续时间达到最长，为 12 d(图 7.22)。

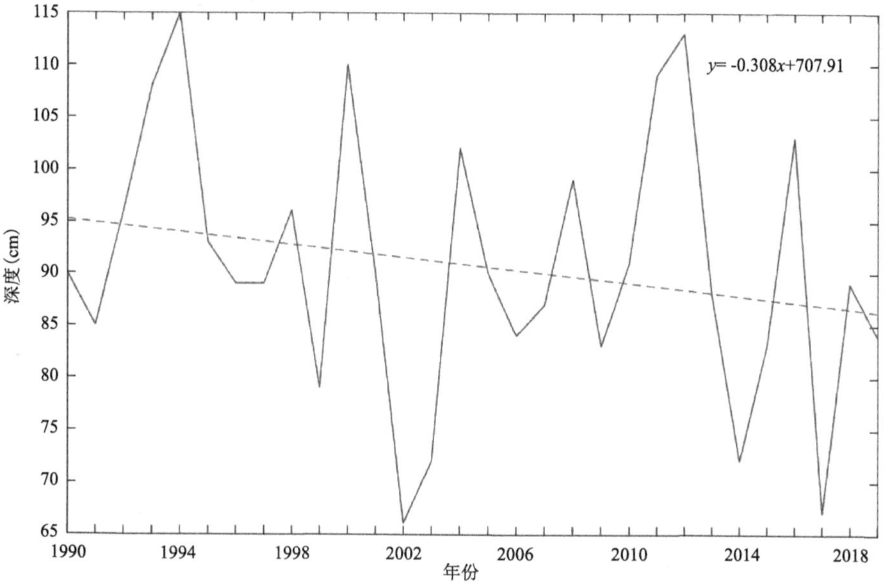

图 7.20　1990—2019 年乌审旗最大冻土深度时序

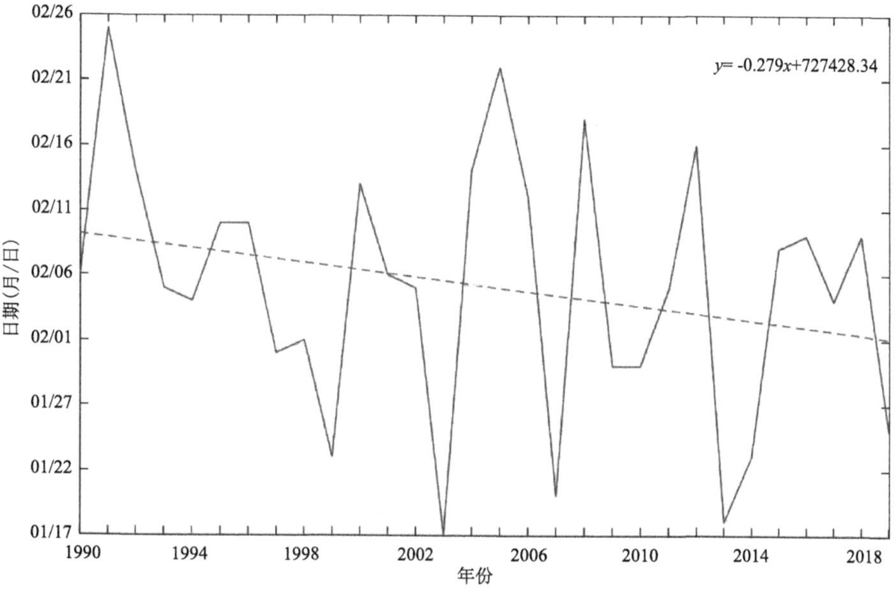

图 7.21　1990—2019 年乌审旗最大冻土深度首次出现日期时序

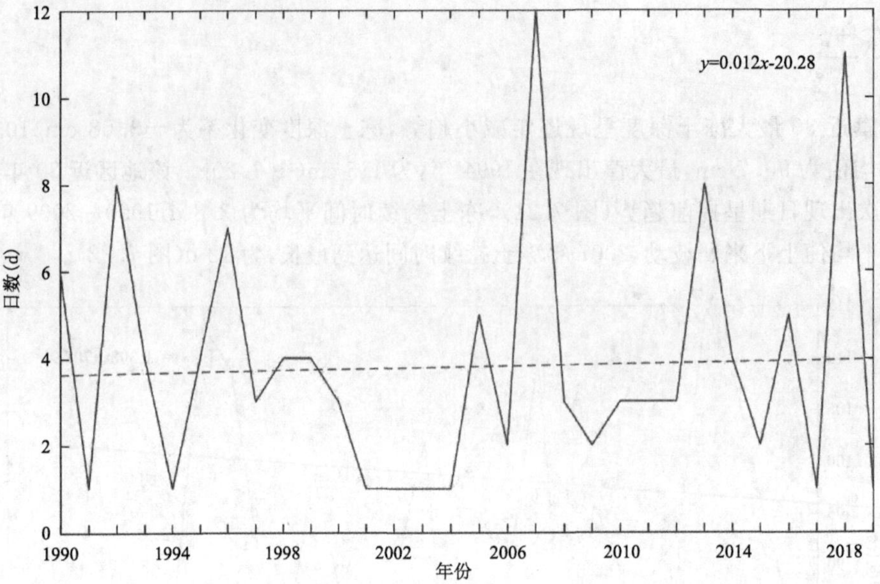

图 7.22　1990—2019 年乌审旗最大冻土深度出现日数时序

7.9　日照

乌审旗 30 年年平均日照时数为 2929.5 h(图 7.23),即每天平均日照约 8 h,近 30 年该地区日照时数呈上升趋势,增长速率为 58.8 h/a。30 年中日照时数最高值出现在 2012 年,为 3159.3 h;最低值出现在 2019 年,为 2707.3 h,极差 452 h。

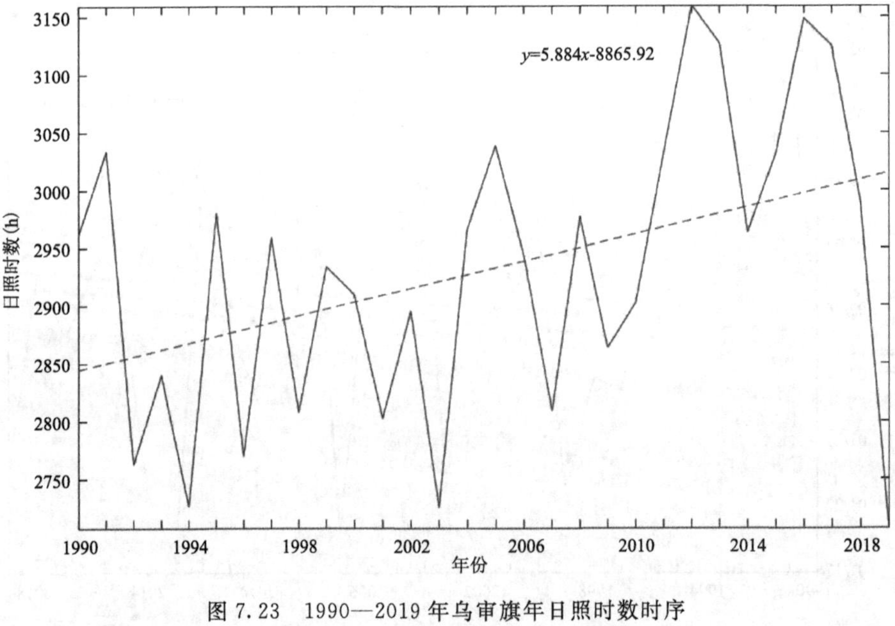

图 7.23　1990—2019 年乌审旗年日照时数时序

7.10　天气现象

1. 沙尘

乌审旗近 30 年沙尘日数总体呈减少趋势，其中年平均浮尘日数仅 2.4 d，最大年浮尘日数为 21 d，出现在 2001 年，其余年份浮尘日数均小于 7 d(图 7.24)。近 30 年年扬沙日数呈大幅度减少的趋势(图 7.25)，减少的速率为 10.3 d/10a，最大年扬沙日数为 26 d，同样出现在 2001 年，

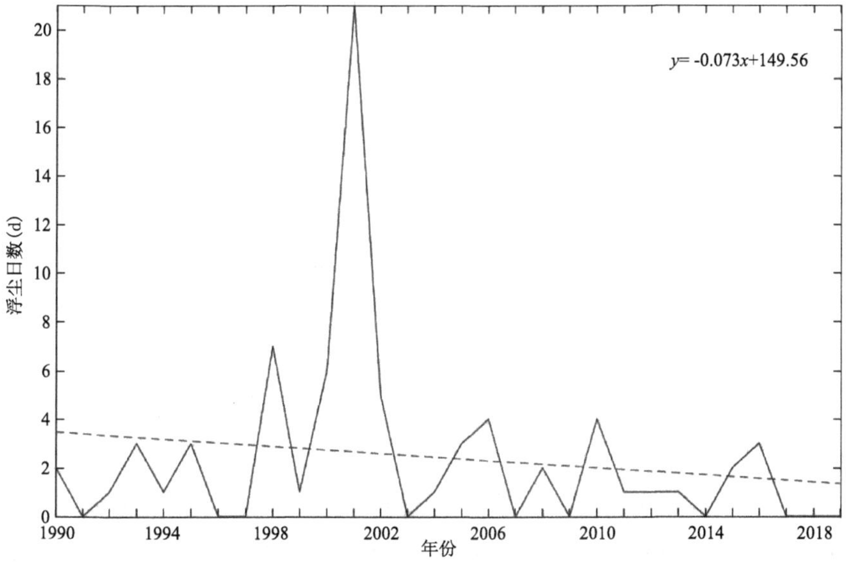

图 7.24　1990—2019 年乌审旗年均浮尘日数时序

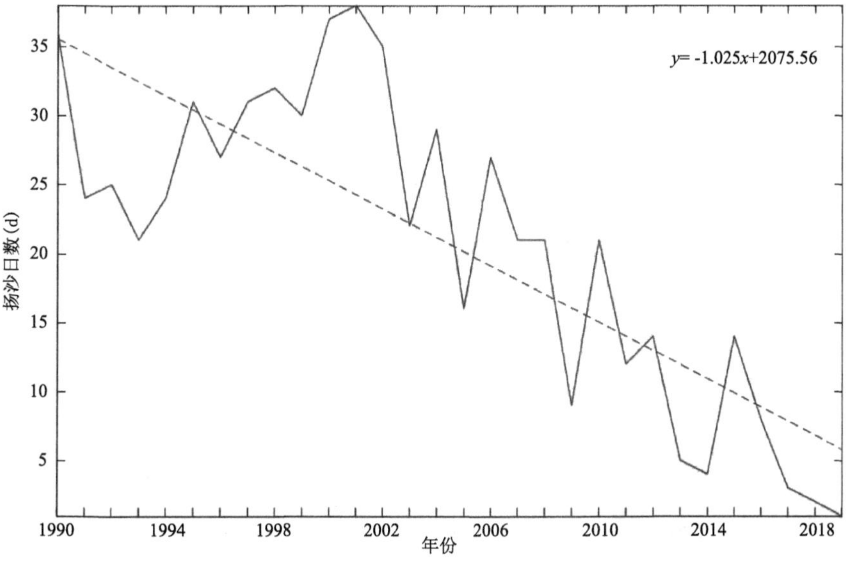

图 7.25　1990—2019 年乌审旗年均扬沙日数时序

平均年扬沙日数为 21 d。该地区年均沙尘暴日数也呈下降趋势(图 7.26),下降速率为－1 d/10a;最大值出现在 2000 年,为 13 d,但 2015—2019 年未出现沙尘暴天气。

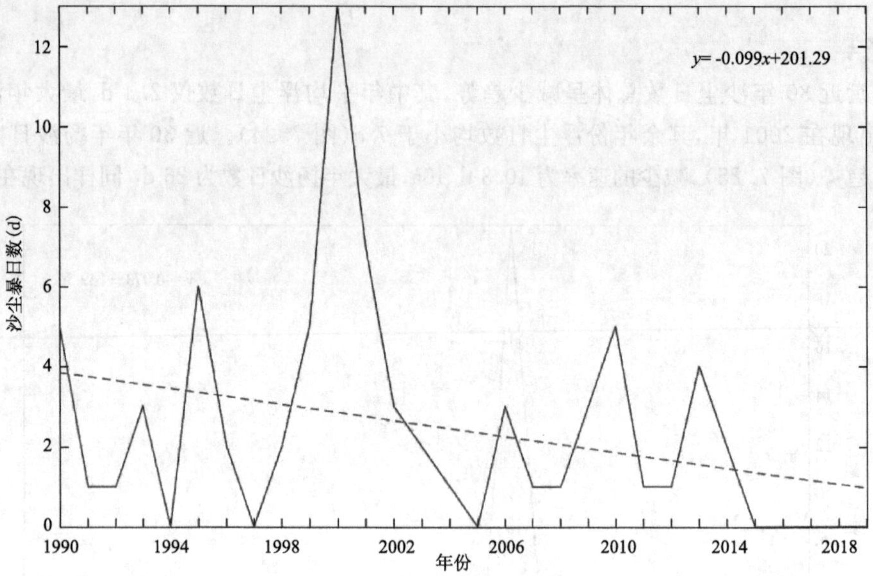

图 7.26 1990—2019 年乌审旗年均沙尘暴日数时序

2. 霜冻

乌审旗近 30 年平均年霜期为 62.2 d,呈缩短趋势(图 7.27),缩短速率为 8.35 d/10a。近 30 年平均初霜日(图 7.28)和平均终霜日(图 7.29)分别为 10 月 5 日和 4 月 9 日,其中初霜日和终霜日变化趋势不明显,初霜日稍有延后,终霜日略有提前。

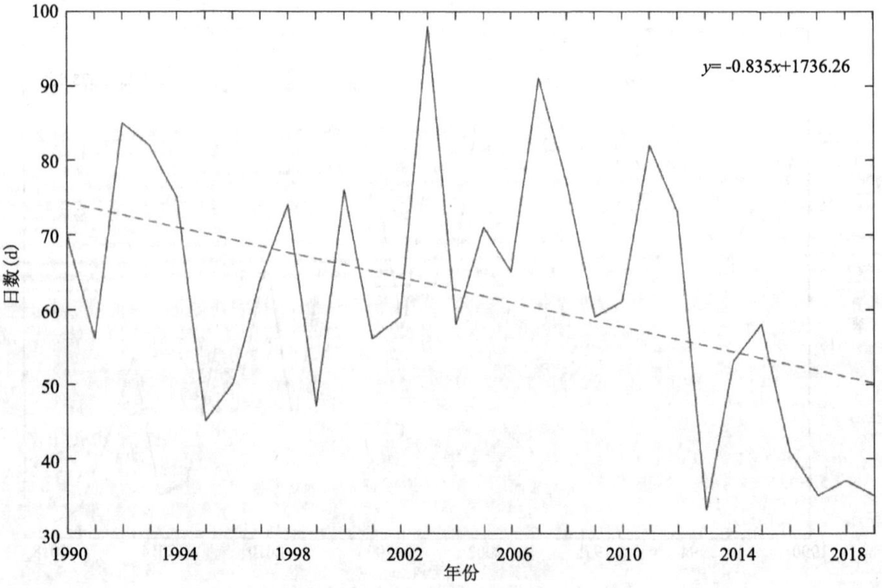

图 7.27 1990—2019 年乌审旗年霜期日数时序

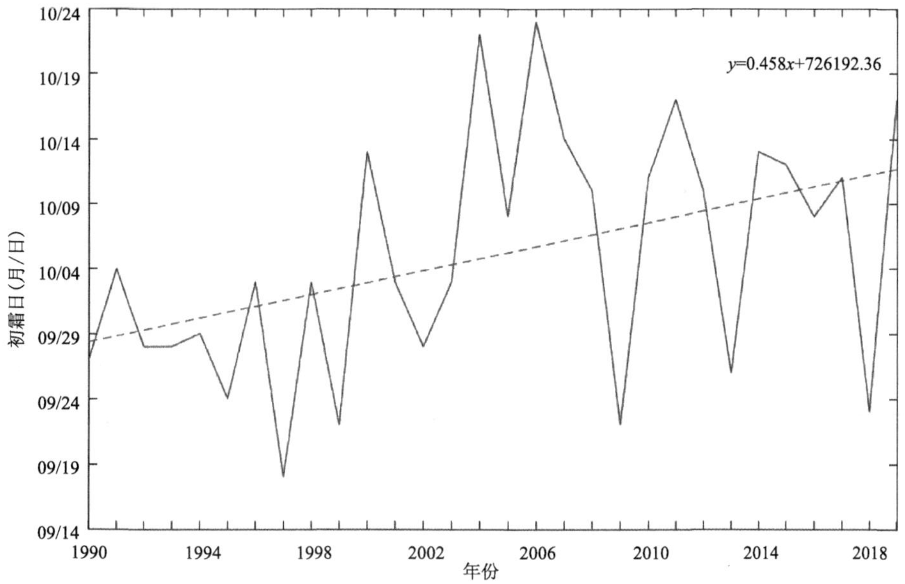

图 7.28　1990—2019 年乌审旗年均初霜日时序

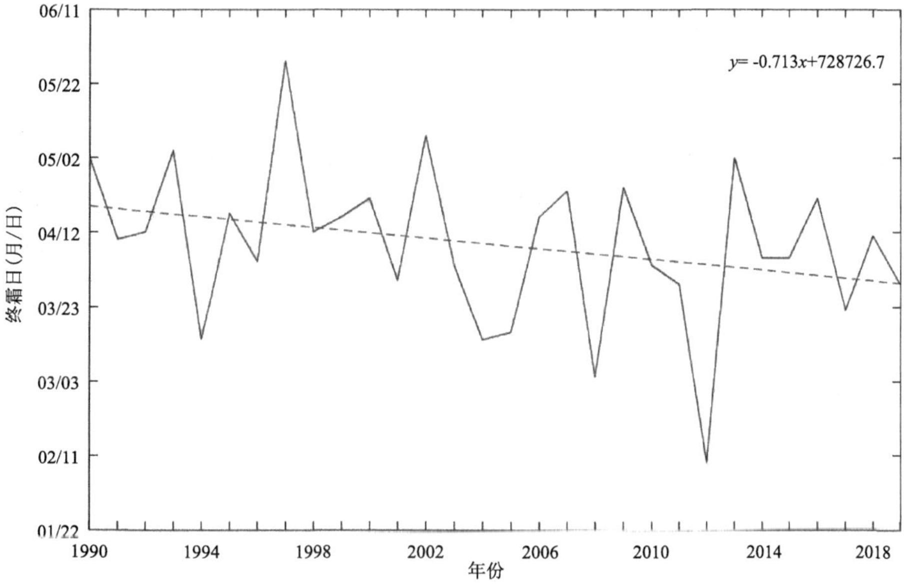

图 7.29　1990—2019 年乌审旗年均终霜日时序

第 8 章 杭锦旗气候特点分析

杭锦旗位于鄂尔多斯市西北部，西、北两面隔黄河与巴彦淖尔市相望，南邻鄂托克旗、乌审旗，东与东胜区、达拉特旗、伊金霍洛旗接壤。地跨鄂尔多斯高原与河套平原，黄河自西向东流经全旗 242 km，库布其沙漠横亘东西，将全旗自然划分为北部沿河区和南部梁外区。地形以沙地、丘陵半丘陵、干旱硬梁地为主，以东胜梁为分水岭，总体呈南高北低、东高西低地形，全旗平均海拔高度 1350 m。

杭锦旗气候特征属于典型的中温带半干旱高原大陆性气候，干燥少雨，风大沙多，无霜期短，10 月初上冻，次年 4 月解冻，四季冷热多变，冬季漫长寒冷，夏季炎热短暂，春季回暖升温快，秋季气温下降迅猛。

8.1 风

对杭锦旗观测资料的统计研究表明，近 30 年间，杭锦旗近地层风速呈上升趋势，增长速率为 0.2 (m/s)/10a (图 8.1)，多年平均风速为 3.38 m/s，其中 1997—2013 年平均风速呈下降趋势，2014 年迅速增大，平均风速从 2.3 m/s 增大至 4.5 m/s，2015 和 2016 年达到最大，为

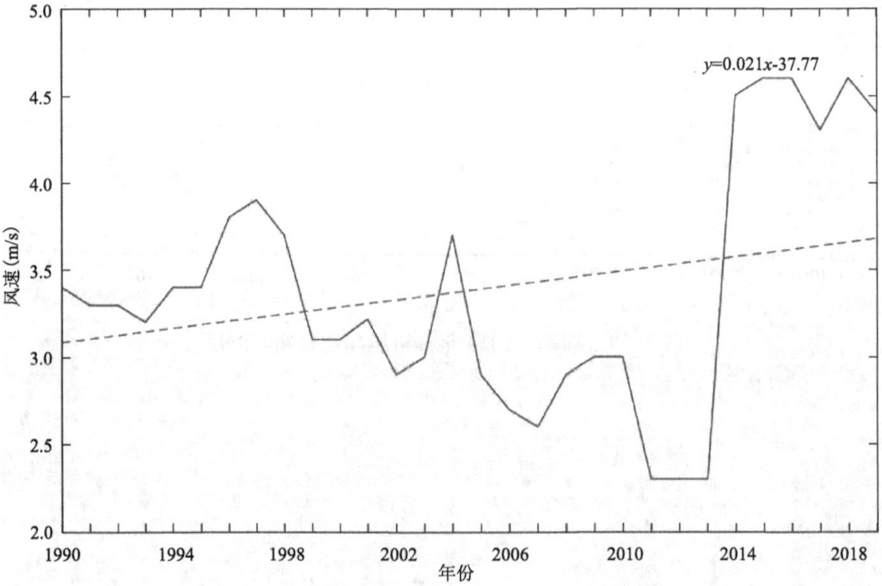

图 8.1 1990—2019 年杭锦旗年平均风速时序

4.6 m/s。该地区出现大风天气较多，近 30 年大风日数呈上升趋势，平均大风日数为 26.2 d（图 8.2），2015 年出现大风日数最多，为 60 d，1991 和 1992 年出现大风日数最少，为 10 d。年平均最大风速也呈明显的上升趋势（图 8.3），变化速率为 0.99 (m/s)/10a，最多出现在 5 月和 11 月。30 年该地区年平均极大风速波动较大（图 8.4），最多出现在 5 月，最大值出现在 2014 年，为 26.9 m/s，最小值出现在 2005 和 2008 年，为 20.6 m/s。统计多年平均风向频率（图 8.5），主导风向为西北、北西北、西南北，所占频率均为 8%。

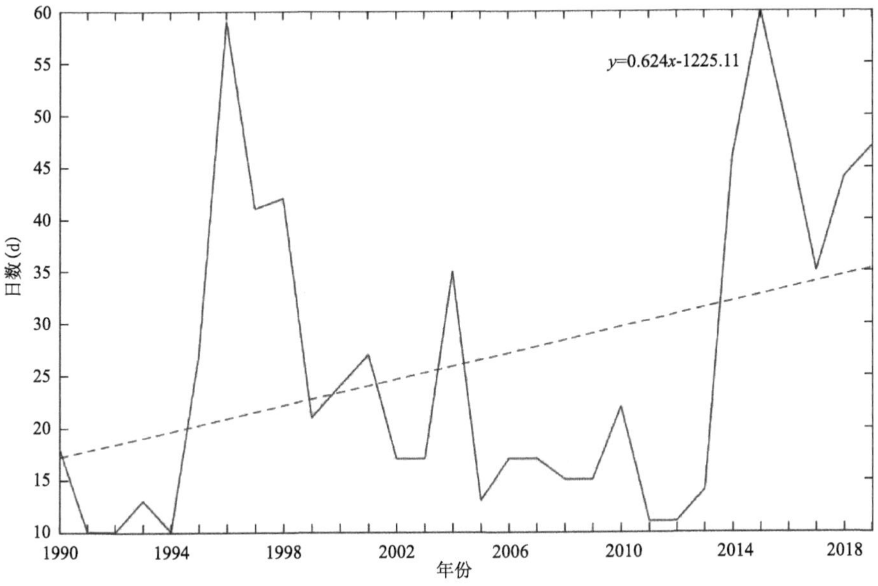

图 8.2　1990—2019 年杭锦旗年大风日数时序

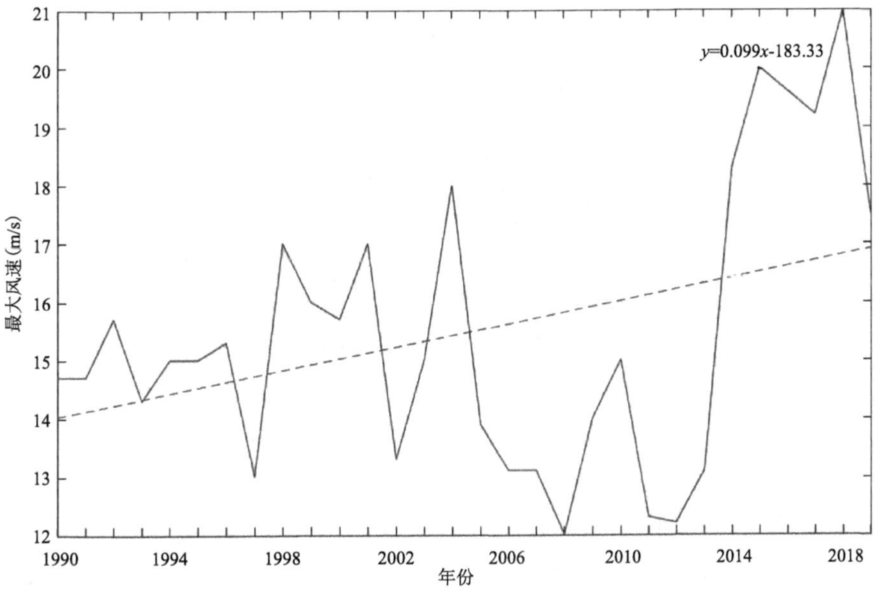

图 8.3　1990—2019 年杭锦旗年平均最大风速时序

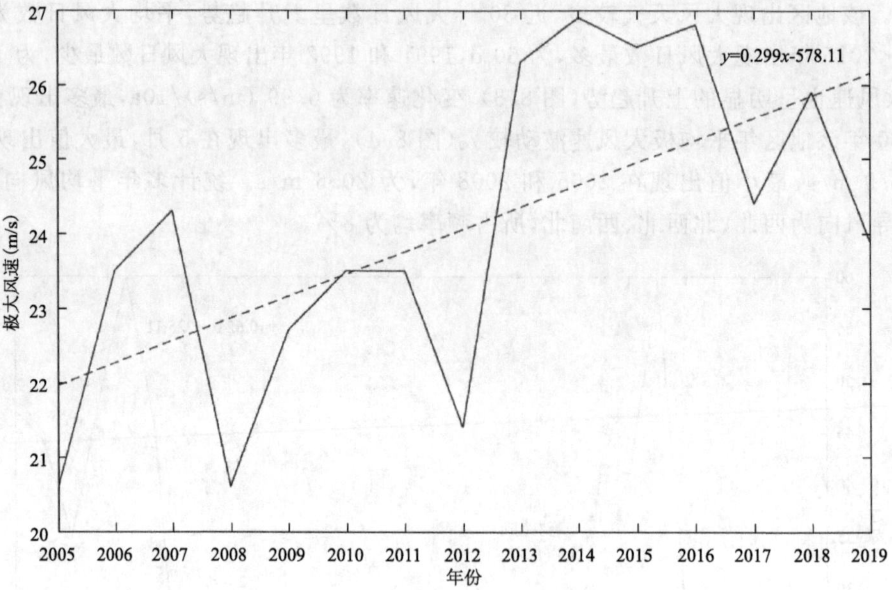

图 8.4　2005—2019 年杭锦旗年平均极大风速时序

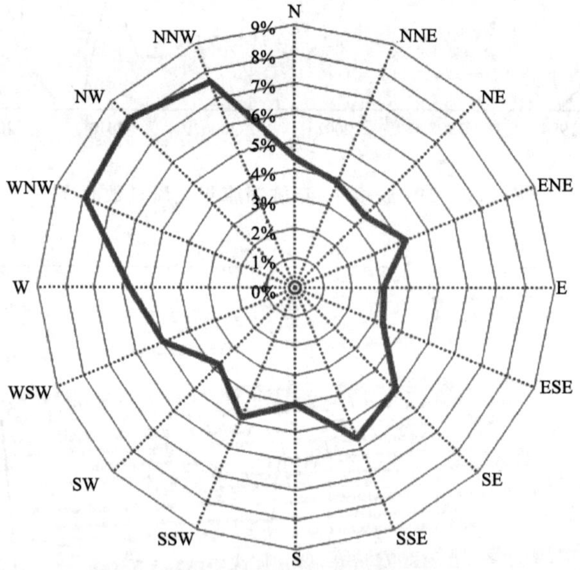

图 8.5　1990—2019 年杭锦旗平均风向频率

8.2　降水

杭锦旗近 30 年年降水量呈上升趋势，以 21.32 mm/10a 的速率增大，平均年降水量为 295.04 mm，2018 年为 30 年年降水量最多年，为 468.1 mm；2011 年为 30 年间年降水量最少年，仅 164.5 mm，极差达 303.6 mm。通过分析发现该地区降水主要集中在 6—8 月，占全年降水总量的 73％以上，年最大日雨量为 75.6 mm，出现在 2016 年 7 月 8 日(图 8.6)。通过分析杭锦旗 30 年年降水量距平(图 8.7)发现,2006 年前年降水量负距平年数较多,说明此时段该地区降水以偏少为主,2006 年后年降水量正距平年数较多,说明此时段该地区降水偏多。

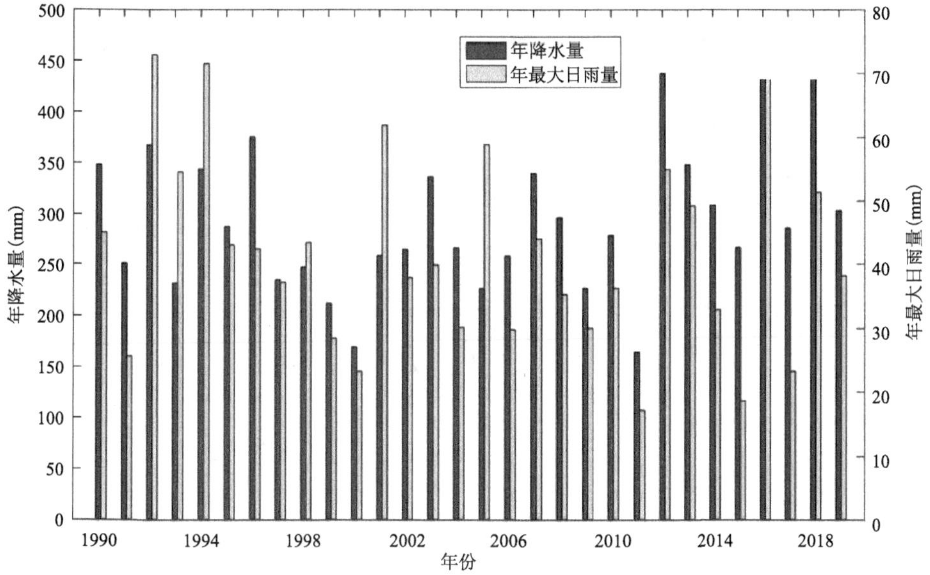

图 8.6 1990—2019 年杭锦旗年降水量最大日雨量时序

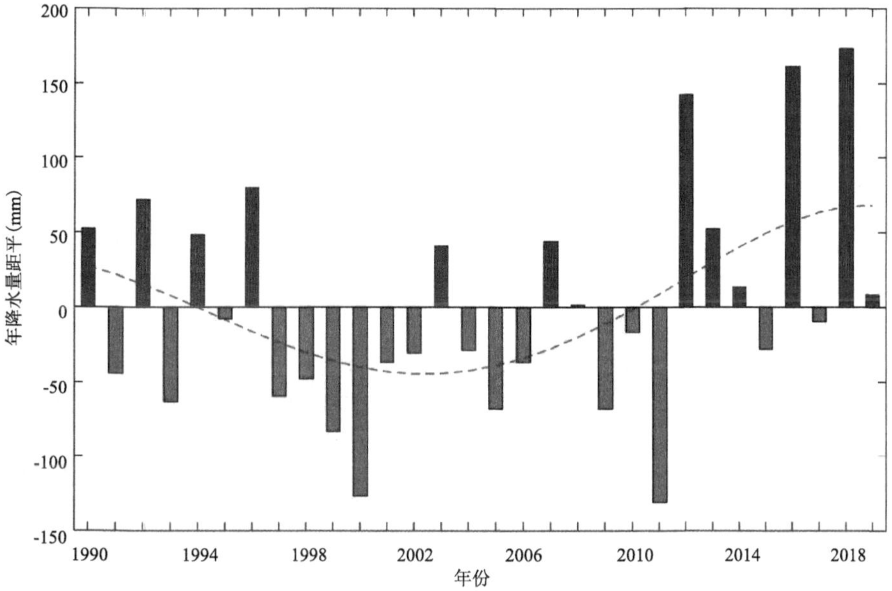

图 8.7 1990—2019 年杭锦旗年降水量距平时序

8.3 积雪

杭锦旗近 30 年积雪初日从整体上看呈稍有延后趋势,年平均积雪初日出现在 10 月 29

日,最早为 1992 年 10 月 21 日,最晚为 1998 年 2 月 1 日,积雪初日最早最晚出现时间相差 103 d(图 8.8)。积雪终日整体稍有提前趋势,2001—2010 年有延后趋势,1993 和 2012 年维持较早日期,平均积雪终日为 3 月 14 日,最早出现在 1992 年 10 月 21 日,最晚出现在 1998 年 2 月 1 日,积雪终日最早和最晚出现时间相差 104 d(图 8.9)。近 30 年积雪日数整体呈减少趋势,减少率为 4.31 d/10a,平均积雪日数为 30.6 d,最多出现在 2003 年,为 65 d,最少出现在 2013 年,只有 3 d(图 8.10)。

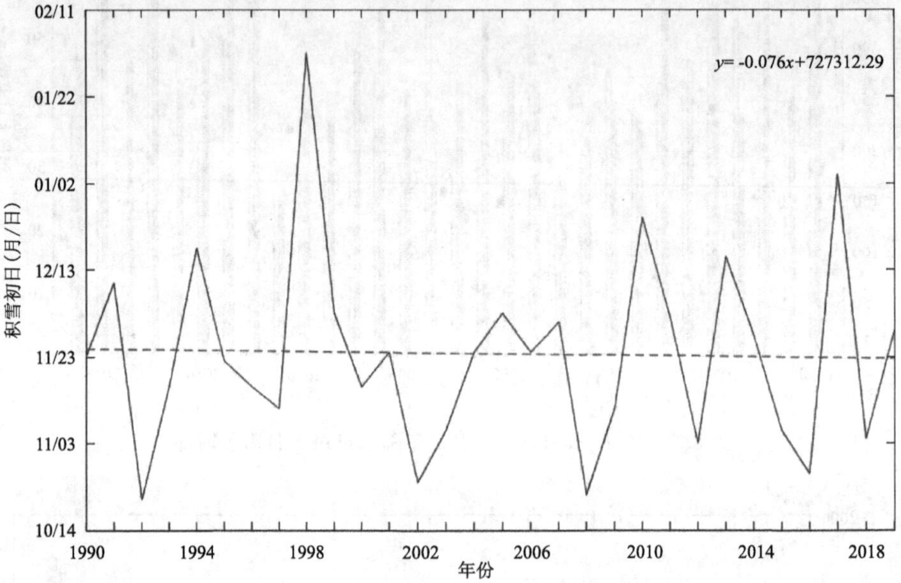

图 8.8　1990—2019 年杭锦旗年积雪初日时序

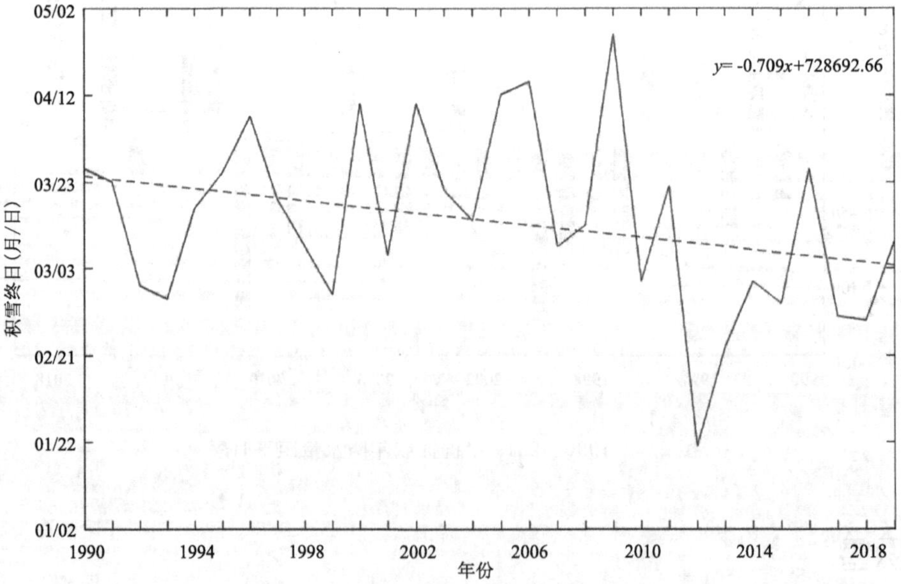

图 8.9　1990—2019 年杭锦旗年积雪终日时序

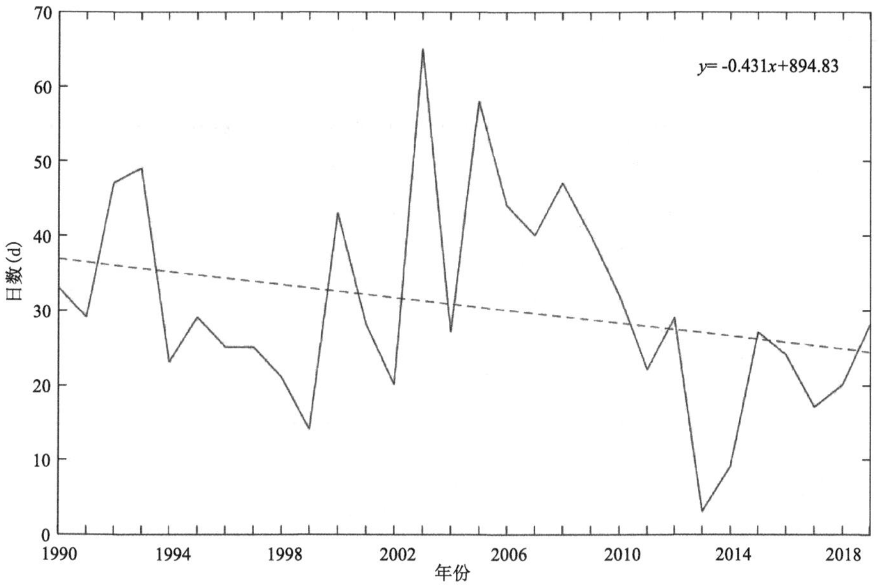

图 8.10　1990—2019 年杭锦旗年积雪日数时序

8.4　湿度

杭锦旗近 30 年相对湿度的年际变化幅度较大，整体呈下降趋势，湿度递减率为 0.25%/10a，年平均相对湿度为 47.73%。平均相对湿度最大值为 54%，出现在 2003 年，最小值出现 2013 年，为 42%，极差 12 个百分点(图 8.11)。

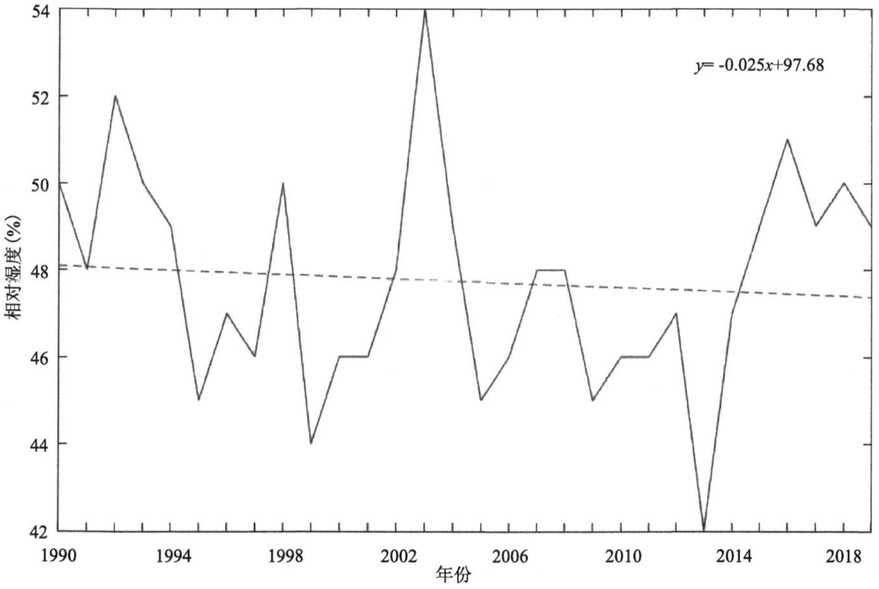

图 8.11　1990—2019 年杭锦旗年平均相对湿度时序

8.5　气温

杭锦旗近 30 年平均气温为 7.09 ℃,年平均气温整体呈上升趋势,升温率为 0.24 ℃/10a,年平均气温最高为 8.2 ℃,出现在 1998 年,最低为 5.8 ℃,出现在 1993 年(图 8.12)。杭锦旗年平均最低气温(图 8.13)和最高气温(图 8.14)均呈上升趋势,升温率分别为 0.33 ℃/10a 和 0.26 ℃/10a,且最低气温升速最为明显。

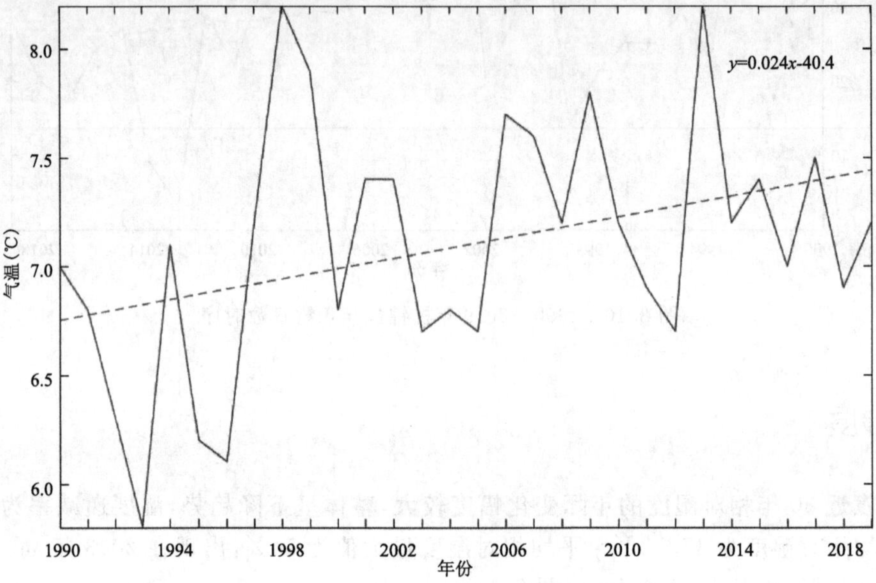

图 8.12　1990—2019 年杭锦旗年平均气温时序

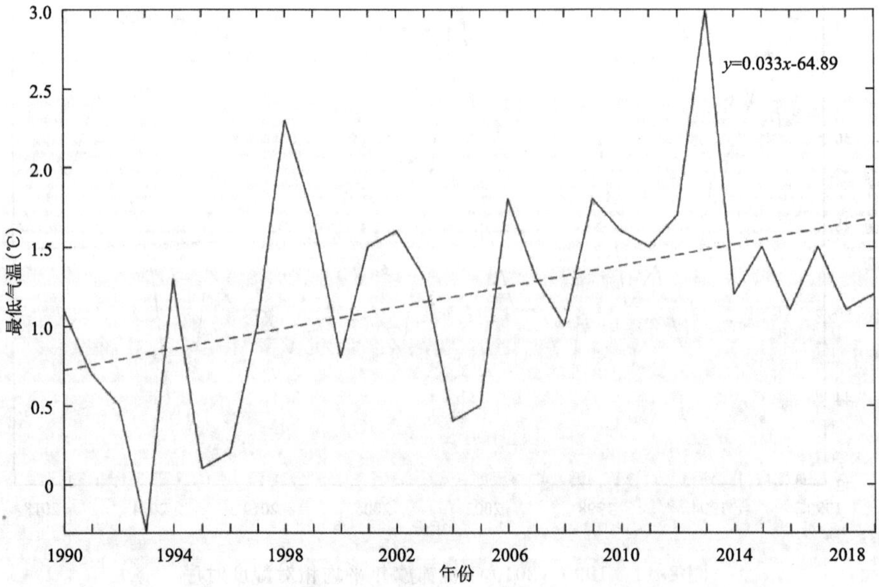

图 8.13　1990—2019 年杭锦旗年平均最低气温时序

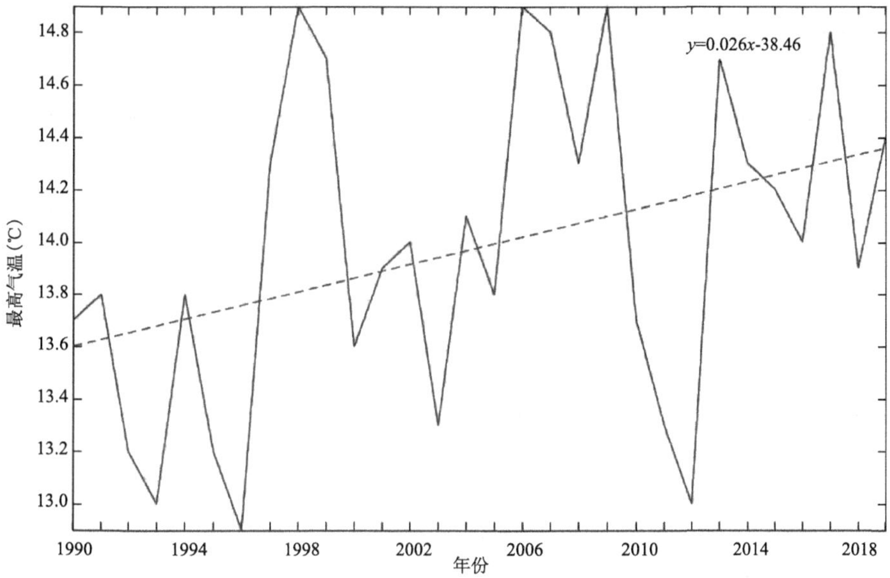

图 8.14　1990—2019 年杭锦旗年平均最高气温时序

8.6　地表温度

杭锦旗近 30 年平均地表温度为 10.1 ℃，年平均地表温度呈上升趋势，上升速率为 0.26 ℃/10a。年平均地表温度最低为 8.6 ℃，出现在 1993 年；年平均地表温度最高为 11.4 ℃，出现在 1998 年(图 8.15)。近 30 年杭锦旗年平均最低地表温度呈上升趋势，升温率为 0.96 ℃/10a(图 8.16)；年平均最高地表温度呈下降趋势，降温率为 0.39 ℃/10a(图 8.17)。

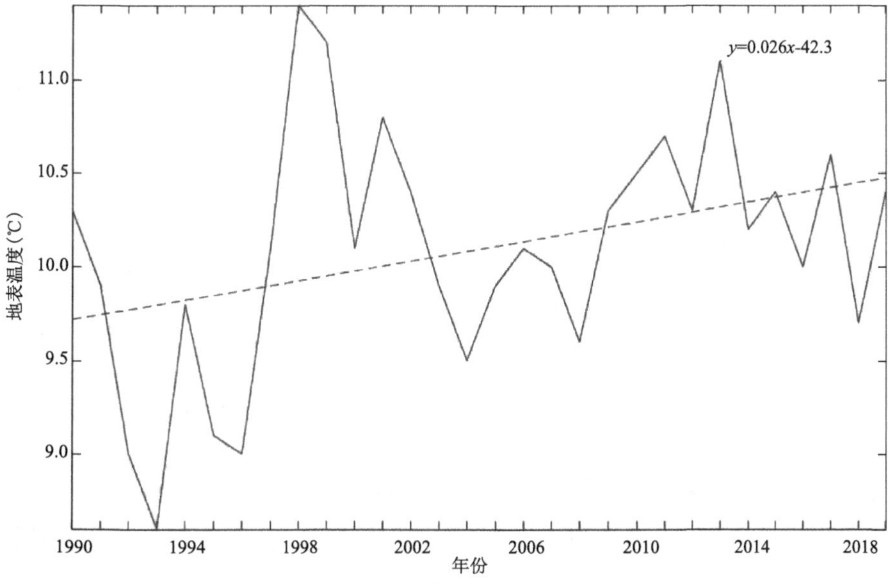

图 8.15　1990—2019 年杭锦旗年平均地表温度时序

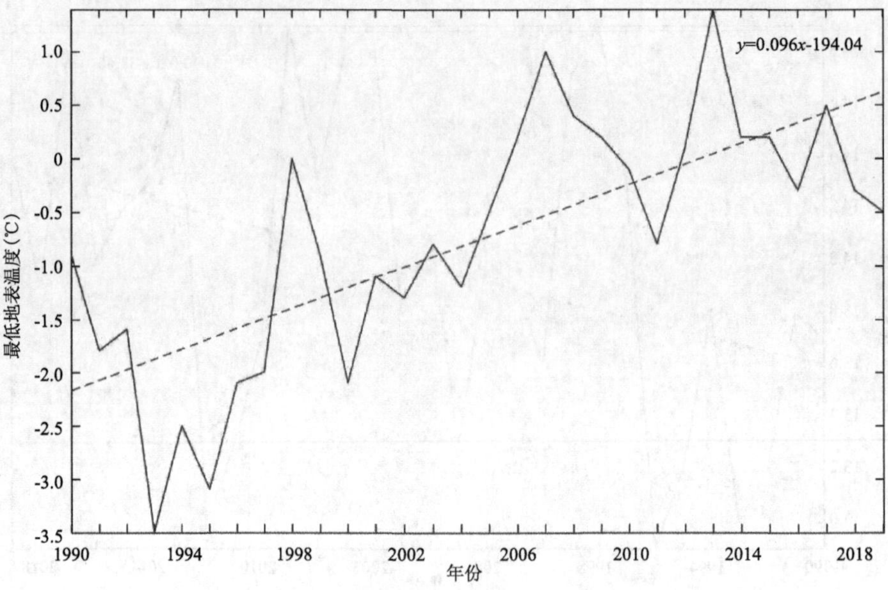

图 8.16　1990—2019 年杭锦旗年平均最低地表温度时序

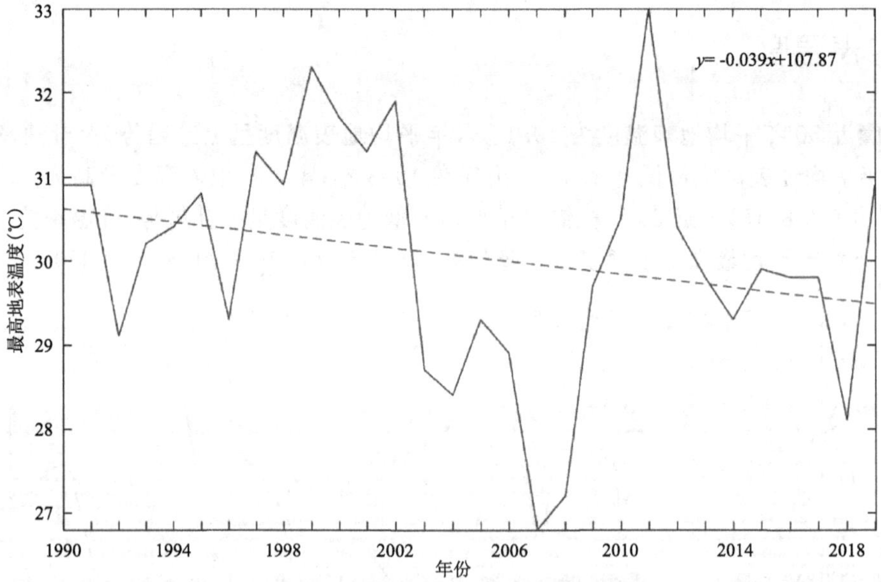

图 8.17　1990—2019 年杭锦旗年平均最高地表温度时序

8.7　积温

杭锦旗年平均气温稳定通过 0 ℃和 10 ℃的年平均积温分别为 3102.1～3718.9 ℃ • d、2569.7～3365.2 ℃ • d。分析近 30 年≥0 ℃积温数据，该地区≥0 ℃积温呈上升趋势，上升速率为 96.02 ℃ • d /10a，其≥0 ℃积温最大值出现在 1998 年，为 3718.9 ℃ • d；最小值出现在 1993 年，为 3102.1 ℃ • d(图 8.18)。该地区≥10 ℃积温呈上升趋势，上升速率为 97.82 ℃ •

d/10a,其≥10 ℃积温最大值出现在 1998 年,为 3365.2 ℃·d;最小值出现在 1992 年,为 2569.7 ℃·d(图 8.19)。

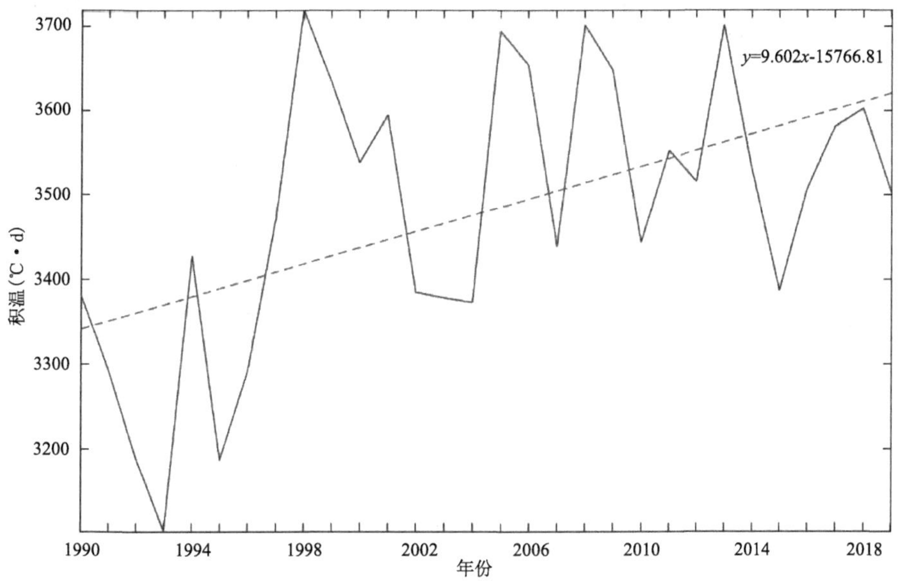

图 8.18　1990—2019 年杭锦旗年平均气温≥0 ℃积温时序

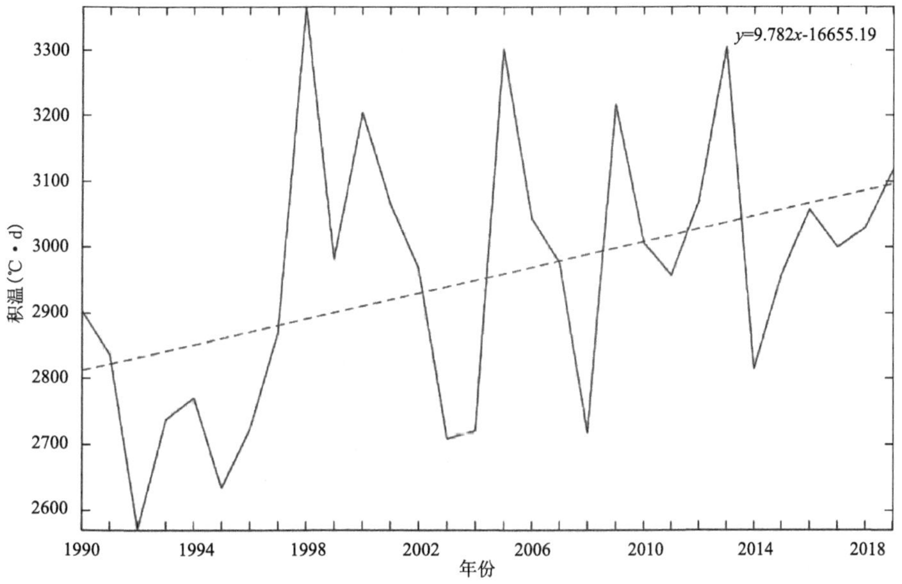

图 8.19　1990—2019 年杭锦旗年平均气温≥10 ℃积温时序

8.8　冻土

杭锦旗近 30 年最大冻土深度呈现逐年增大趋势,冻土深度变化率为 3.99 cm/10a,最大冻土深度平均值为 109.96 cm，最大值出现在 2004 年，为 151 cm（图 8.20）。杭锦旗近 30 年年最大冻土深度首次出现时间呈逐年延后的趋势，2014 年出现最迟（图 8.21）。冻土持续时间平均值为 4.4 d，1993—2010 年冻土持续时间在平均值上下来回波动，1992、2012 和 2015 年冻土持续时间最长，为 10 d（图 8.22）。

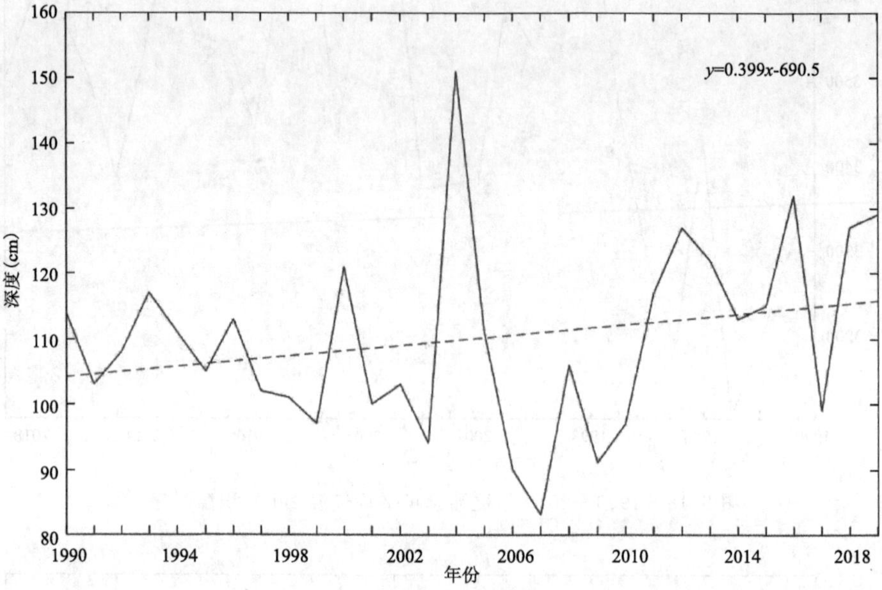

图 8.20　1990—2019 年杭锦旗最大冻土深度时序

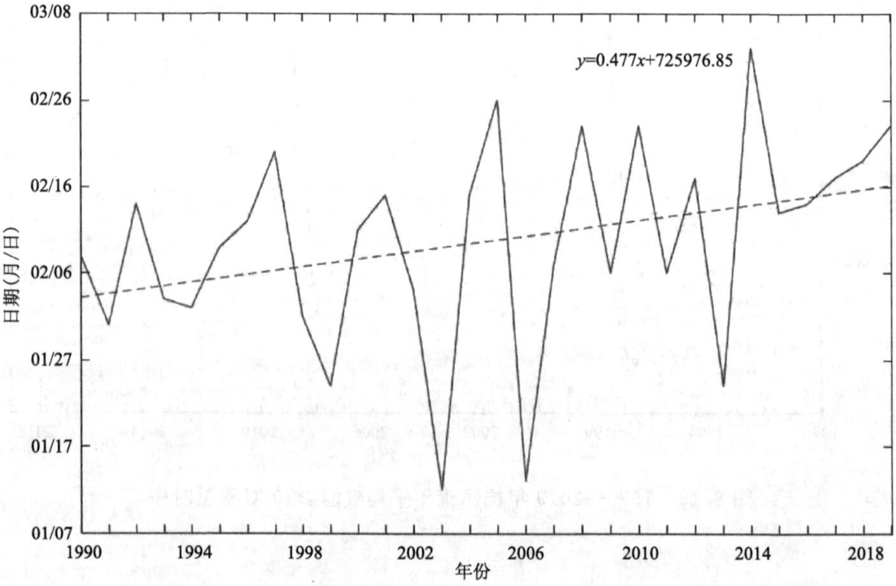

图 8.21　1990—2019 年杭锦旗最大冻土深度首次出现日期时序

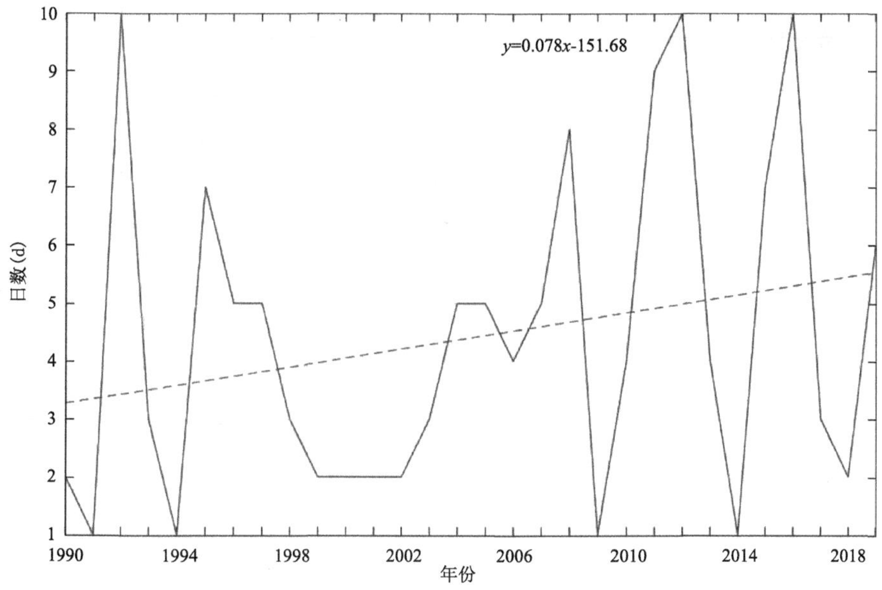

图 8.22　1990—2019 年杭锦旗年冻土深度出现日数时序

8.9　日照

杭锦旗近 30 年年日照时数呈显著减少趋势(图 8.23),减少速率为 53.3 h/10a,平均年日照时数为 3038.62 h,即每天平均日照约 8.32 h。最大年日照时数出现在 1991 年,日照时数达 3259.9 h;最小年日照时数出现在 2003 年(2854.9 h),极差 405 h。

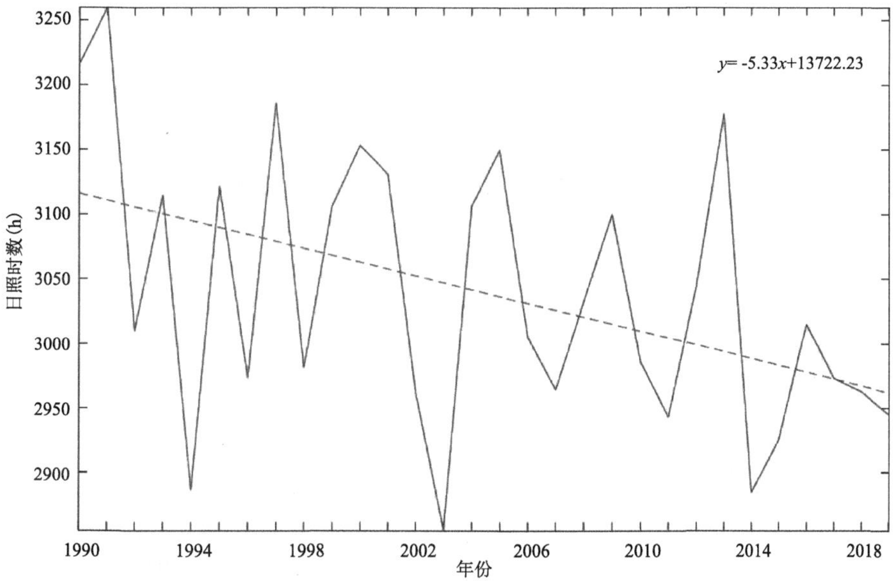

图 8.23　1990—2019 年杭锦旗年日照时数时序

8.10　天气现象

1. 沙尘

杭锦旗近 30 年出现沙尘暴天气较少，年沙尘暴日数呈显著减少趋势(图 8.24)，下降率为 0.75 d/10a，其中最大值出现在 2000 年，沙尘暴天气共出现 7 d，其余年份沙尘暴日数均小于 6 d。该地区近 30 年年浮尘日数变化较小(图 8.25)，1991 年共出现 2 d 浮尘天气，1993、2005、

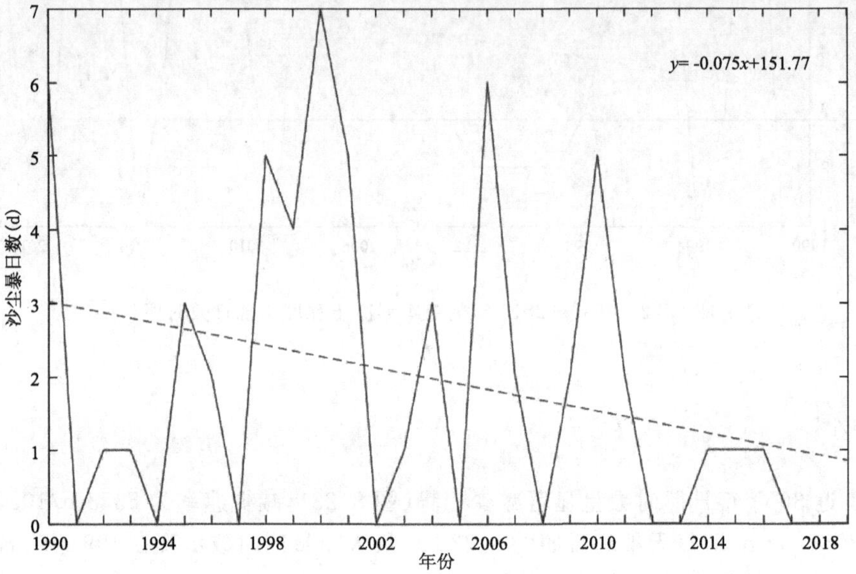

图 8.24　1990—2019 年杭锦旗年沙尘暴日数时序

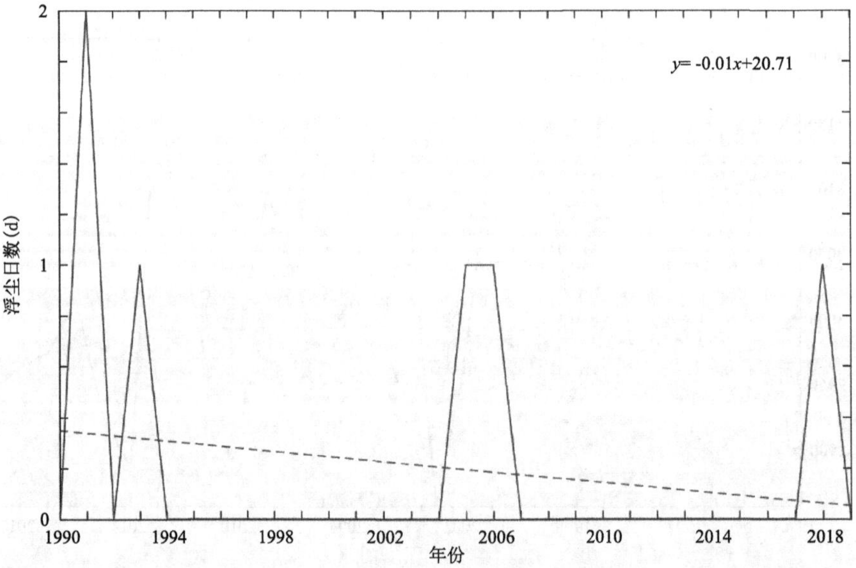

图 8.25　1990—2019 年杭锦旗年浮尘日数时序

2006、2018 年各出现 1 d 浮尘天气，其余年份均未发生浮尘天气。杭锦旗出现扬沙天气较多，近 30 年年扬沙日数整体呈下降趋势(图 8.26)，下降率为 6.87 d/10a，平均年扬沙日数为 14.8 d，最大扬沙日数为 37 d，出现在 1996 年，最小扬沙日数只有 1 d，出现在 2011 年。

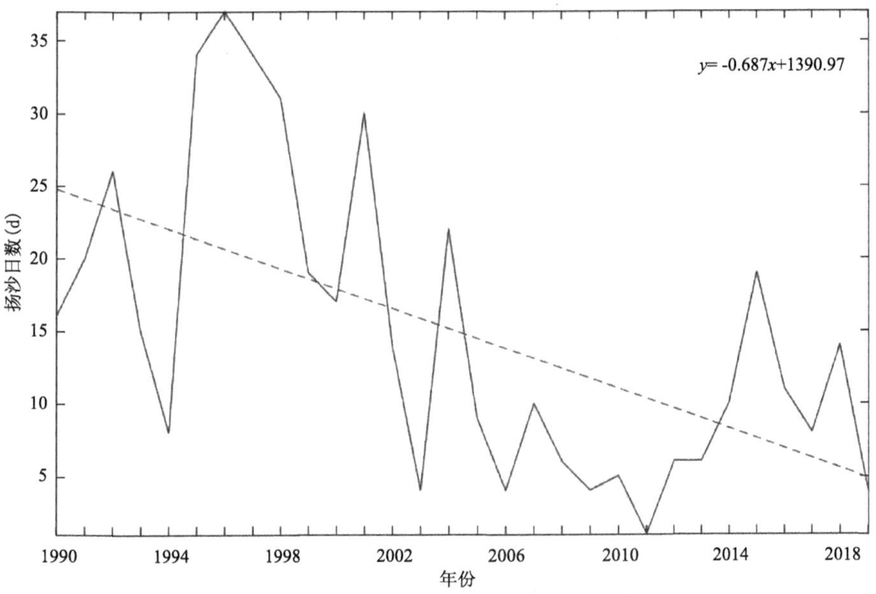

图 8.26　1990—2019 年杭锦旗年扬沙日数时序

2. 霜冻

杭锦旗近 30 年平均年霜期日数呈下降趋势(图 8.27)，下降率为 1.46 d/10a，平均年霜期为51.4 d，其中最小值出现在 1999 年，为 26 d，最大值出现在 2003 年，为 78 d。平均初霜日

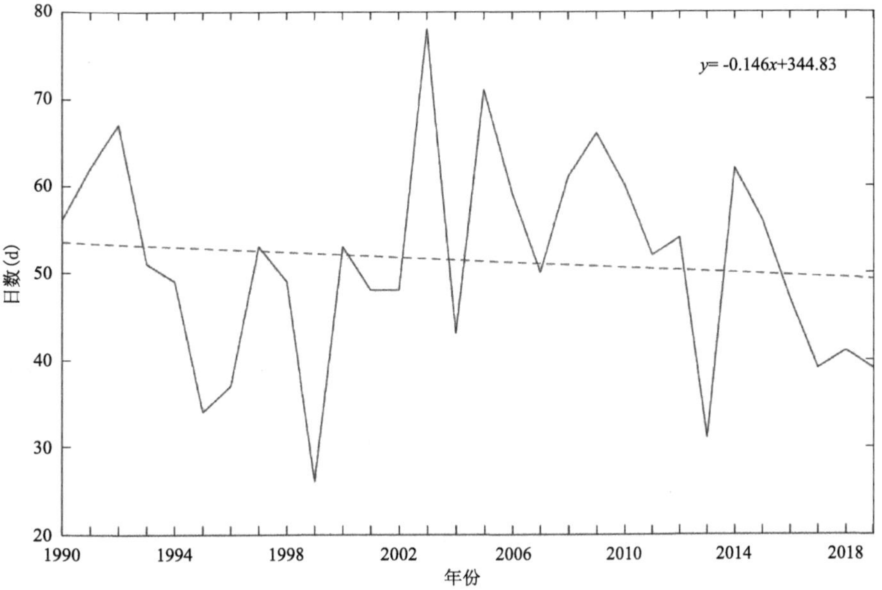

图 8.27　1990—2019 年杭锦旗年霜期日数时序

(图 8.28)和终霜日(图 8.29)分别为 10 月 6 日和 4 月 12 日,其中初霜日和终霜日均呈现延后的趋势,延后率分别为 1.99 d/10a 和 1.11 d/10a。

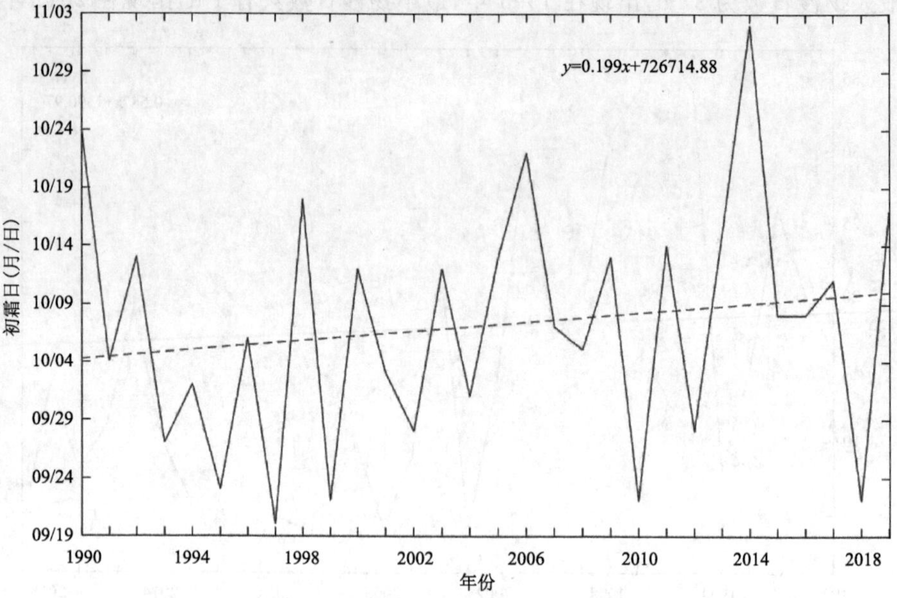

图 8.28　1990—2019 年杭锦旗年初霜日时序

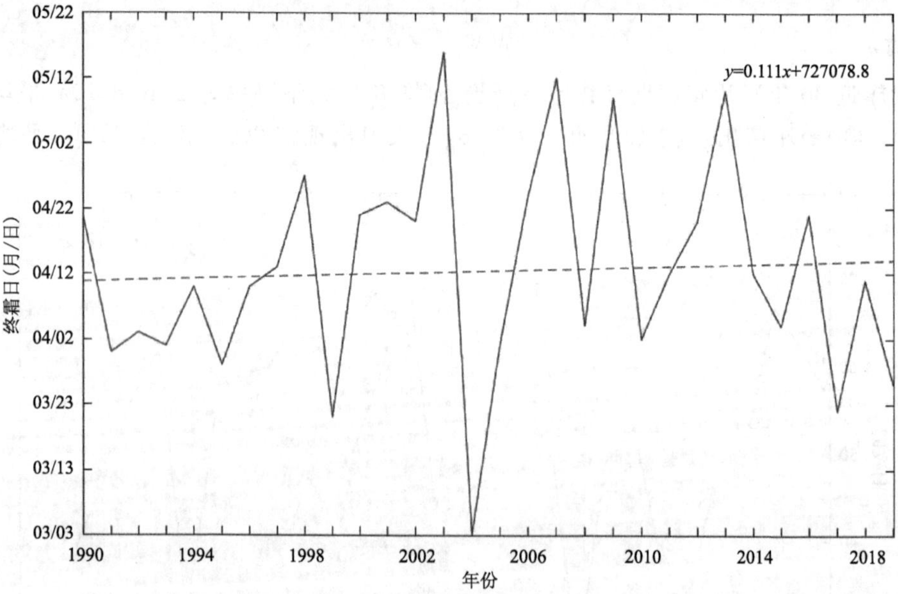

图 8.29　1990—2019 年杭锦旗年终霜日时序

第 9 章　鄂托克前旗气候特点分析

鄂托克前旗位于鄂尔多斯西南部，地处蒙陕宁三省(区)交界，属于中温带半干旱荒漠化草原气候。北靠鄂托克旗，南隔长城与陕西省搭界，东隔黄河与宁夏回族自治区相望，西与乌审旗为邻。总面积 1.218 万 km^2。

鄂托克前旗春季风沙大，气候干燥，常年干旱少雨、日照充足，夏季降水集中，年降水量受各地不同地形和地理条件以及下垫面的影响，存在着一定的差异。降水分布的主要特点是：由东南至西北逐渐减少，东部地区年平均降水量在 300 mm 左右，西北部地区年降水量在 200 mm左右。

9.1　风

对鄂托克前旗观测资料的统计研究表明，在过去 30 年间，鄂托克前旗近地层风速减小趋势明显，平均风速的变化速率为－0.16(m/s)/10a(图 9.1)，多年平均风速为 2.21 m/s，其中 1994—2009 年年平均风速下降趋势明显，平均风速从 2.7 m/s 降低至 2 m/s，2014 年平均风

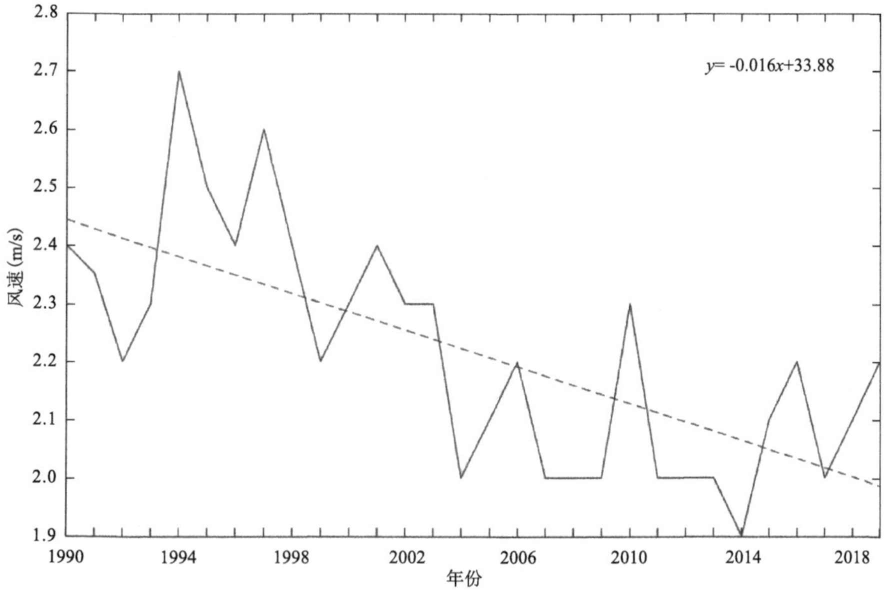

图 9.1　2000—2019 年鄂托克前旗年平均风速时序

速达近 30 年的最小值，为 1.9 m/s。该地区年大风日数呈显著减少趋势（图 9.2），近 30 年平均大风日数为 11.4 d，1995 年出现大风日数最多，为 37 d，2005 和 2016 年出现大风日数最少，仅 2 d。年平均最大风速变化也呈明显减小趋势，变化速率为－2.5（m/s）/10a（图 9.3），最多出现在 4 月。2005—2019 年该地区年平均极大风速波动较大（图 9.4），最多出现在 6 月，最大值出现在 2008 年，为 25.1 m/s，最小值出现在 2013 年，为 18.1 m/s。统计多年平均风向频率（图 9.5），主导风向为西西南、南西南和南，所占频率分别为 8%、7%、7%。

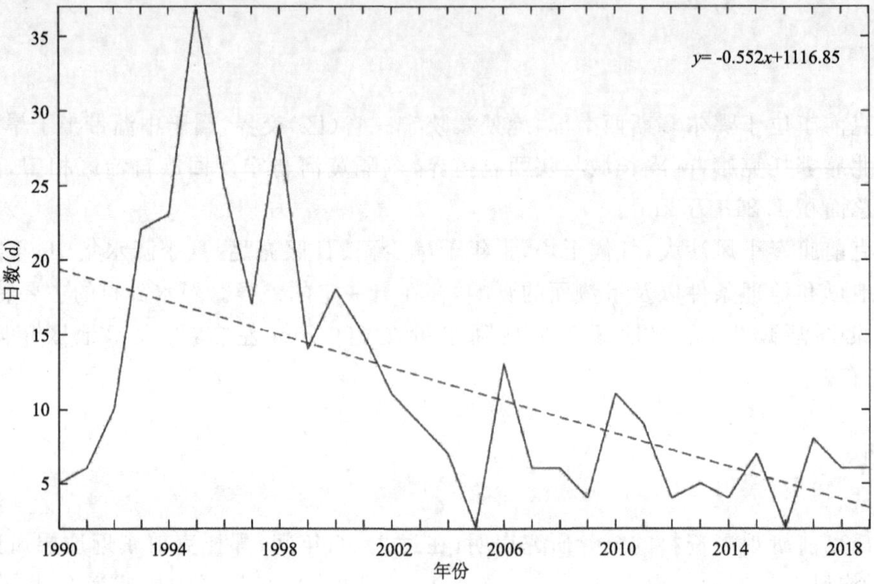

图 9.2　1990—2019 年鄂托克前旗年大风日数时序

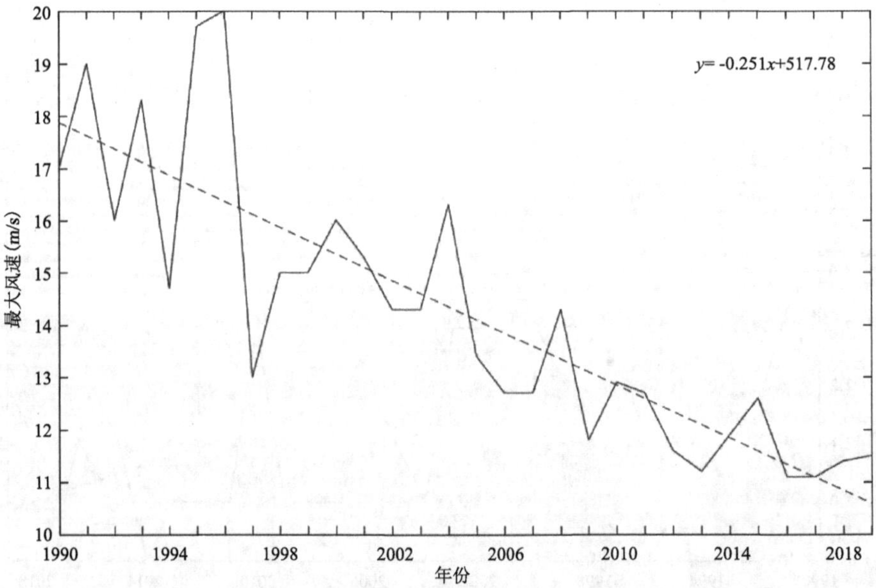

图 9.3　1990—2019 年鄂托克前旗年平均最大风速时序

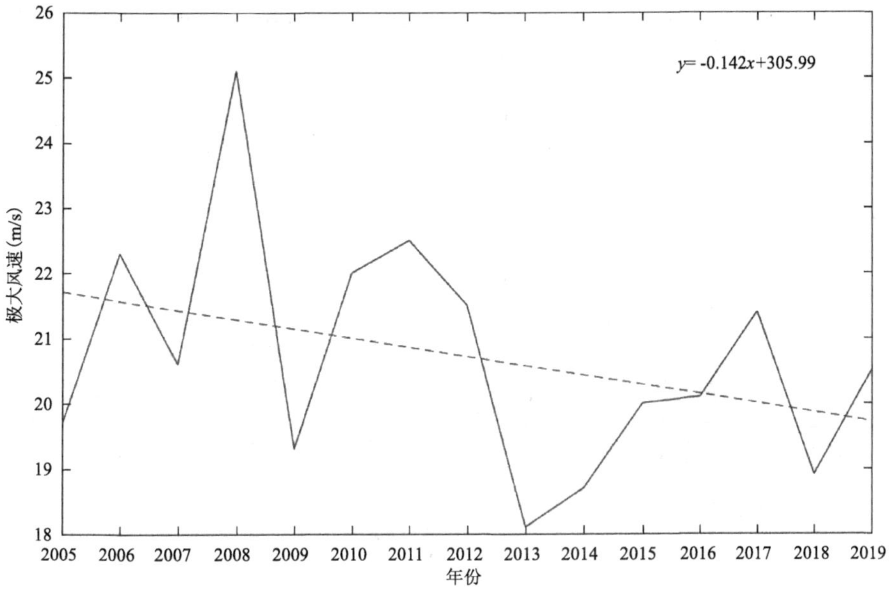

图 9.4　2005—2019 年鄂托克前旗年平均极大风速时序

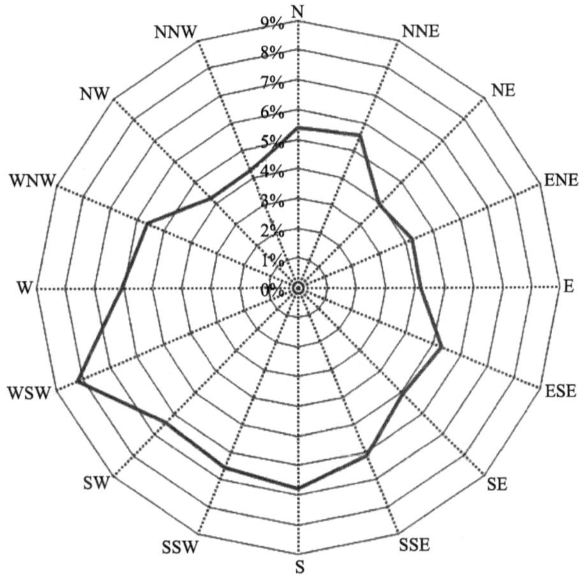

图 9.5　1990—2019 年鄂托克前旗平均风向频率

9.2　降水

鄂托克前旗近 30 年年降水量呈缓慢上升趋势，以 15.4 mm/10a 的速率增大，平均年降水量为 265.89 mm，2011 年为 30 年年降水量最多年（454 mm）；2005 年为 30 年年降水量最少年，仅 118.8 mm，极差达 335.2 mm。通过分析发现该地区降水主要集中在 7—8 月，占全年降水总量的 73％以上，年最大日雨量为 80.4 mm，出现在 1998 年 7 月 5 日（图 9.6）。通过分析鄂托克前旗

30 年年降水量距平(图 9.7)发现，2006 年前年降水量负距平年数较多，说明此时段该地区降水以偏少为主，2006 年后年降水量正距平年数较多，说明此时段该地区降水偏多。

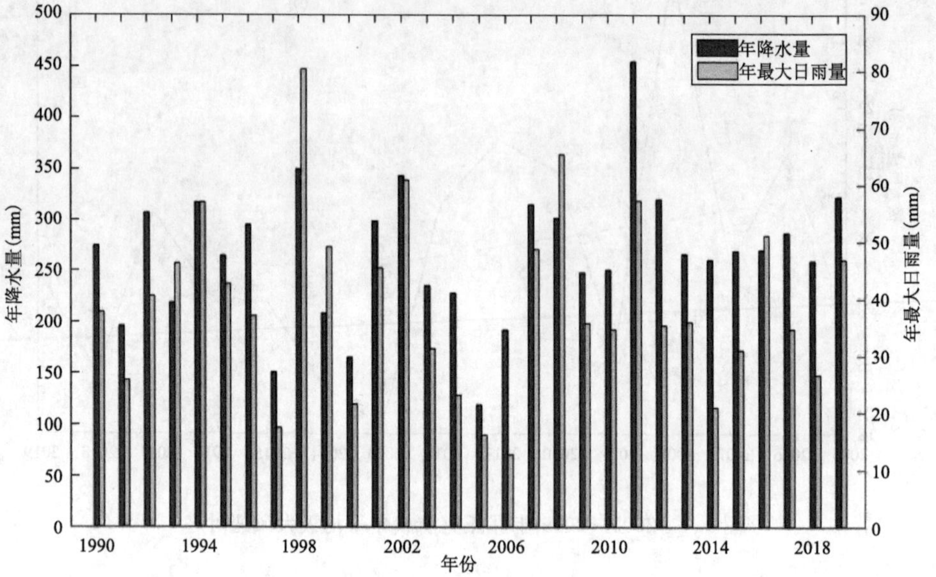

图 9.6　1990—2019 年鄂托克前旗年降水量和最大日雨量时序

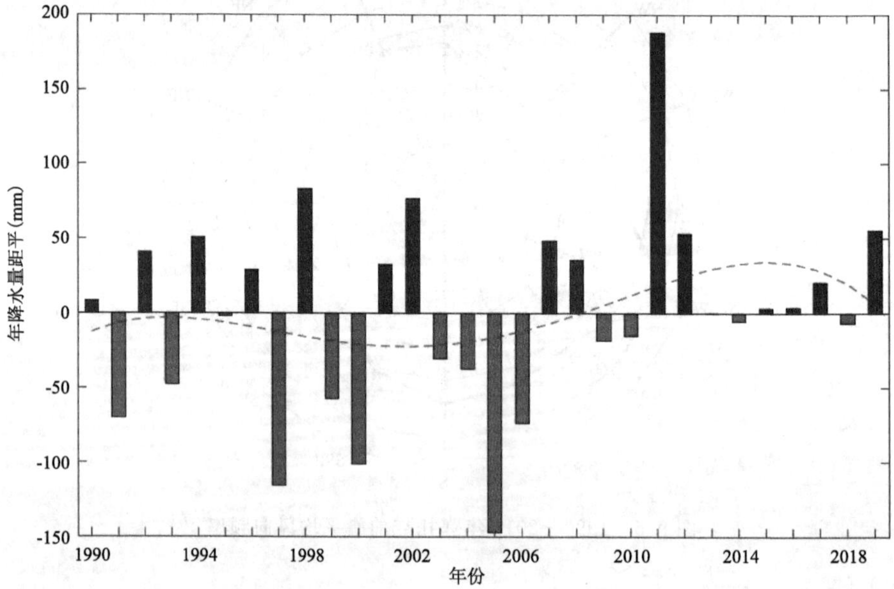

图 9.7　1990—2019 年鄂托克前旗年降水量距平时序

9.3　积雪

鄂托克前旗近 30 年积雪初日从整体上看稍有延后趋势，年平均积雪初日出现在 11 月 17

日，最早为 2017 年 10 月 9 日，最晚为 1998 年 3 月 7 日，积雪初日最早和最晚出现时间相差 150 d(图 9.8)。积雪终日整体呈上下波动趋势。平均积雪终日为 3 月 15 日，最早为 2004 年 1 月 19 日，最晚为 1999 年 4 月 26 日，积雪终日最早和最晚出现时间相差 99 d(图 9.9)。近 30 年鄂托克前旗积雪日数整体呈上升趋势，平均积雪日数为 23 d，最长出现在 2009 年，为 58 d，最短出现在 2013 年，为 4 d(图 9.10)。

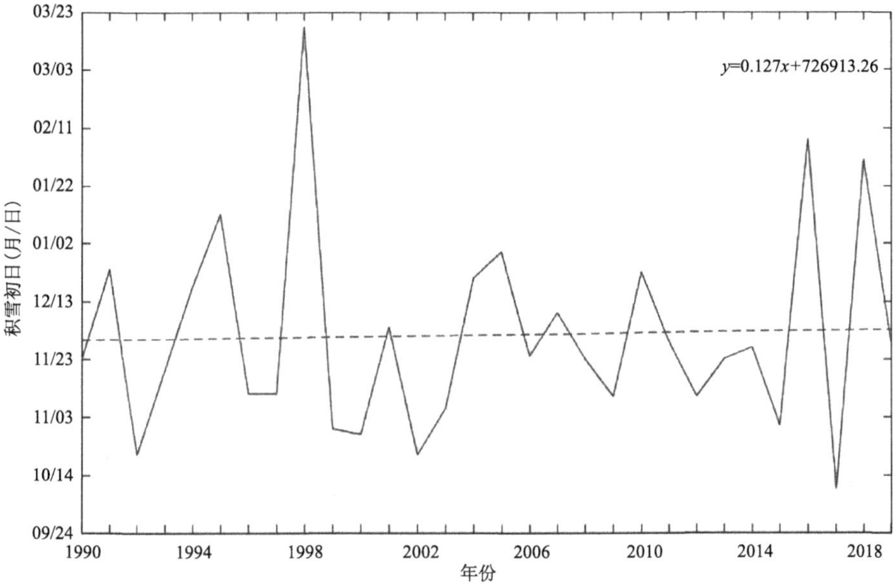

图 9.8　1990—2019 年鄂托克前旗年积雪初日时序

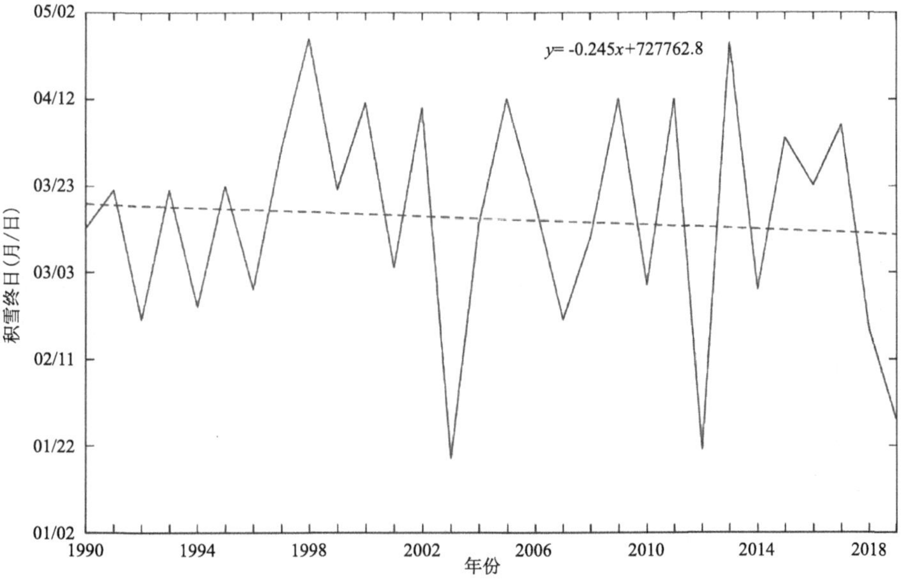

图 9.9　1990—2019 年鄂托克前旗年积雪终日时序

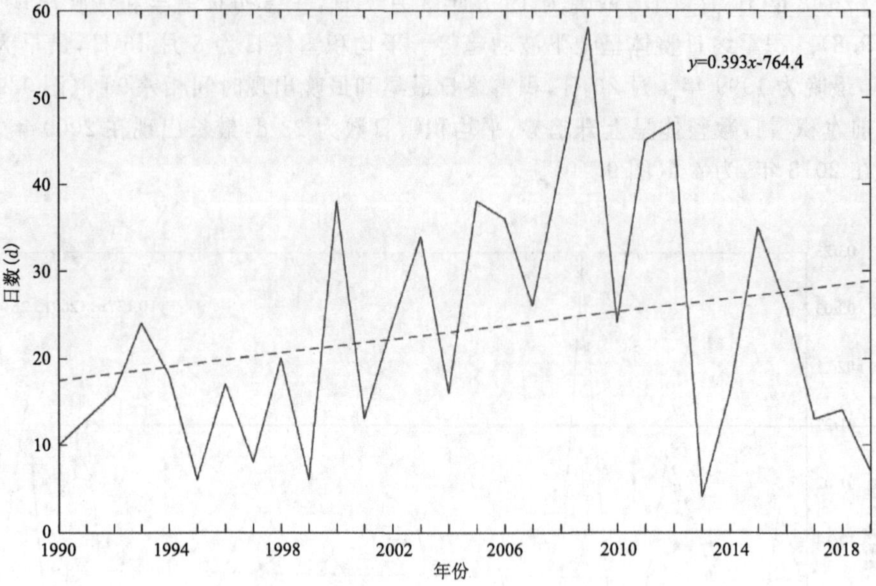

图 9.10　1990—2019 年鄂托克前旗年积雪日数时序

9.4　湿度

鄂托克前旗近 30 年相对湿度的年际变化较大，整体呈上升趋势，湿度升高率为 0.26%/10a，年平均相对湿度为 50%。平均相对湿度最大值为 55%，出现在 2003 年，最小值出现 2013 年，为 45%，极差 10 个百分点(图 9.11)。

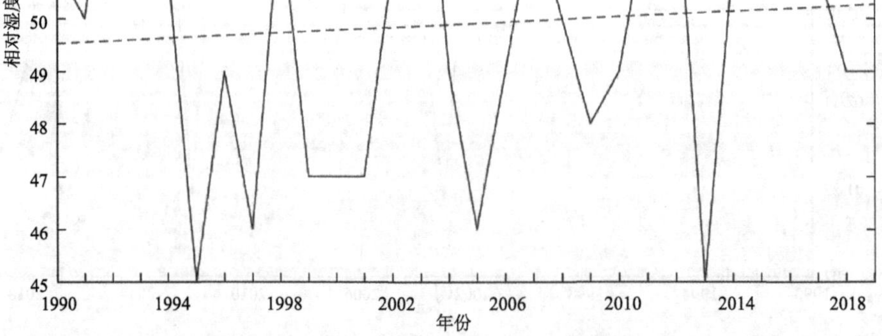

图 9.11　1990—2019 年鄂托克前旗年平均相对湿度时序

9.5 气温

鄂托克前旗近 30 年平均气温为 8.37 ℃，年平均气温整体呈上升的趋势，升温速率为 0.4 ℃/10a，年平均气温最高为 9.3 ℃，出现在 2013 年，最低为 7.2 ℃，出现在 1993 年（图 9.12）。鄂托克前旗年平均最低气温（图 9.13）和最高气温（图 9.14）均呈上升趋势，升温率分别为 0.57 ℃/10a 和 0.34 ℃/10a，且年平均最低气温升速最明显。

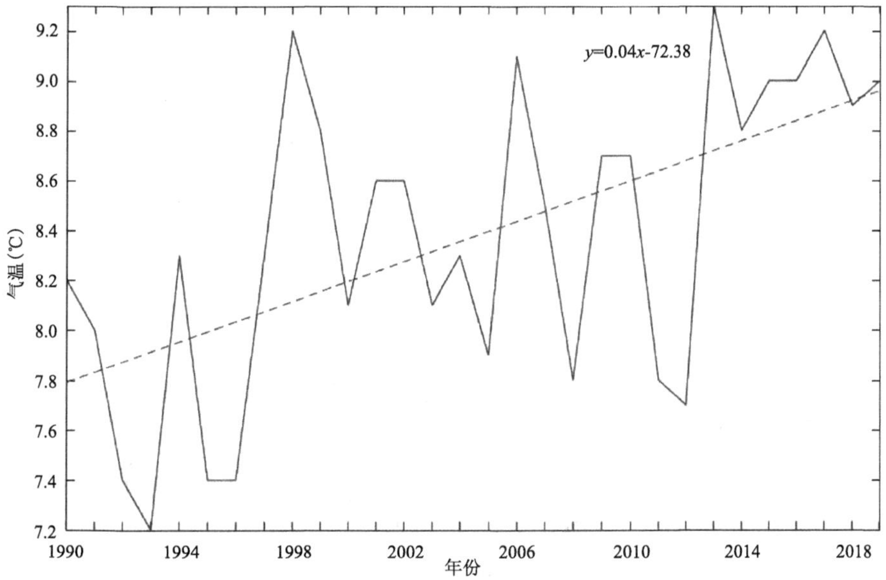

图 9.12　1990—2019 年鄂托克前旗年平均气温时序

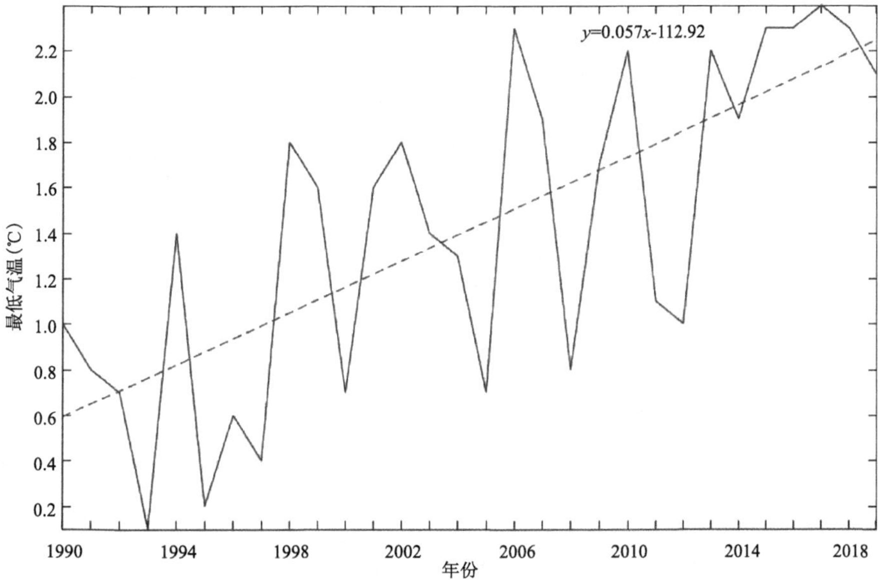

图 9.13　1990—2019 年鄂托克前旗年平均最低气温时序

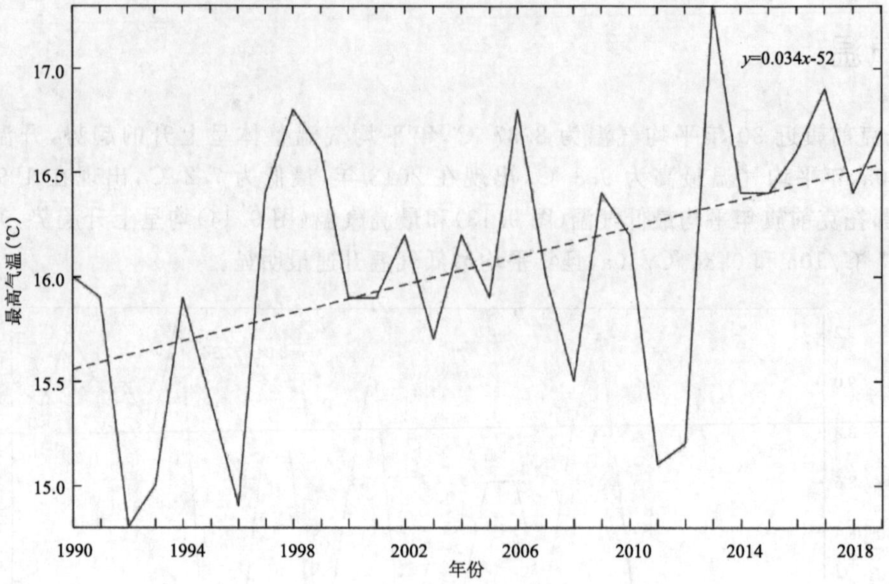

图 9.14　1990—2019 年鄂托克前旗年平均最高气温时序

9.6　地表温度

鄂托克前旗近 30 年平均地表温度为 11.2 ℃，年平均地表温度呈上升趋势，上升速率为 0.4 ℃/10a。年平均地表温度最低为 9.9 ℃，出现在 1992 年和 1993 年；年平均地表温度最高为 12.3 ℃，出现在 2006 年(图 9.15)。近 30 年鄂托克前旗年平均最低地表温度(图 9.16)和最高地表温度(图 9.17)均呈上升趋势，升温率分别为 0.94 ℃/10a 和 0.48 ℃/10a，且最低地表温度升速最为明显。

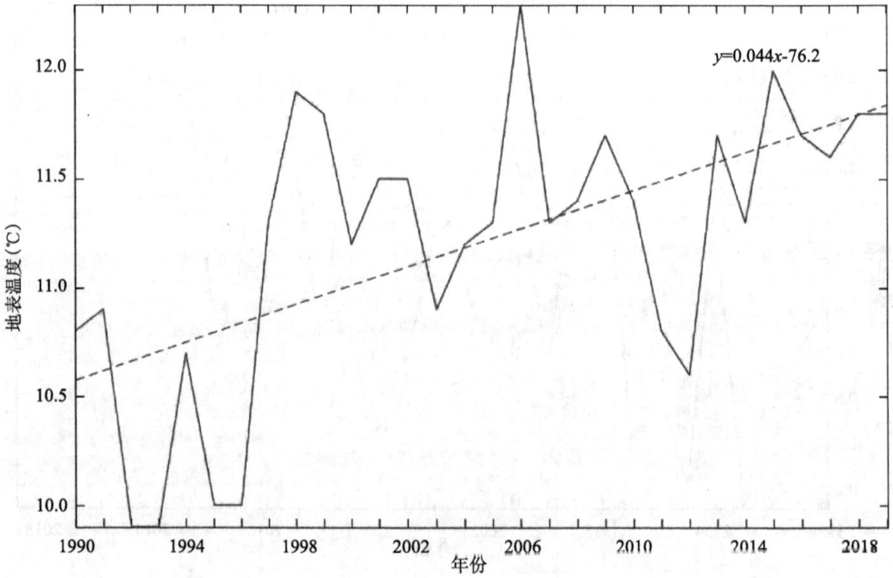

图 9.15　1990—2019 年鄂托克前旗年平均地表温度时序

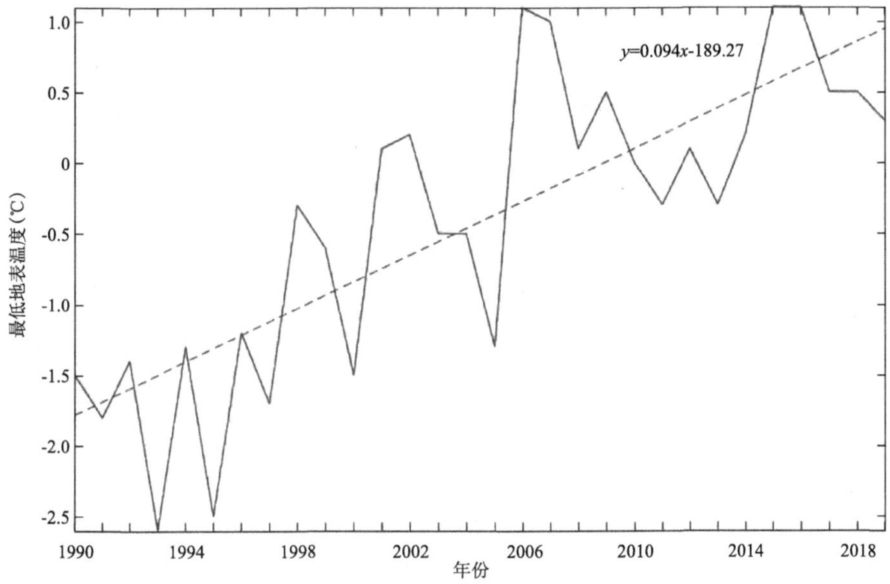

图 9.16　1990—2019 年鄂托克前旗年平均最低地表温度时序

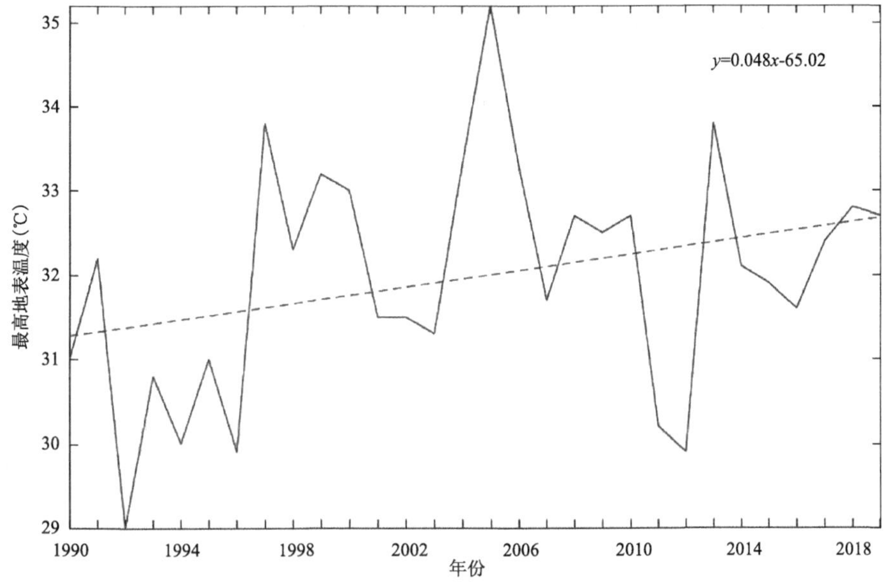

图 9.17　1990—2019 年鄂托克前旗年平均最高地表温度时序

9.7　积温

鄂托克前旗年平均气温稳定通过 0 ℃和 10 ℃的年平均积温分别为 3443.1～4041.8 ℃·d、2776～3606.1 ℃·d。分析近 30 年≥0 ℃积温数据，该地区≥0 ℃积温呈上升趋势，上升速率为 126.24 ℃·d /10a，其≥0 ℃积温最大值出现在 2018 年，为 4041.8 ℃；最小值出现在 1992 年，为 3443.1 ℃·d(图 9.18)。该地区≥10 ℃积温呈上升趋势，上升速率为134.76 ℃

· d/10a，其≥10 ℃积温最大值出现在 2006 年，为 3606.1 ℃ · d；最小值出现在 1995 年，为 2776 ℃ · d（图 9.19）。

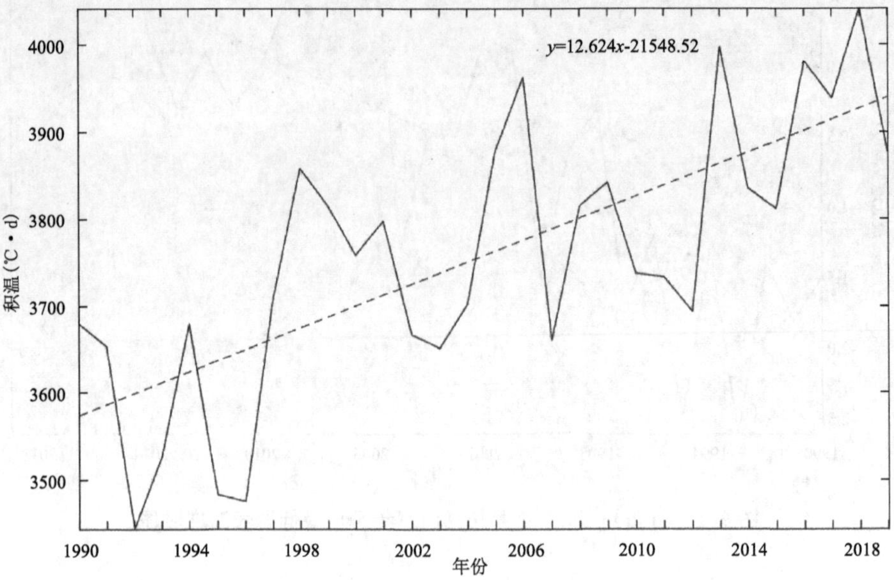

图 9.18　1990—2019 年鄂托克前旗年平均气温≥0 ℃积温时序

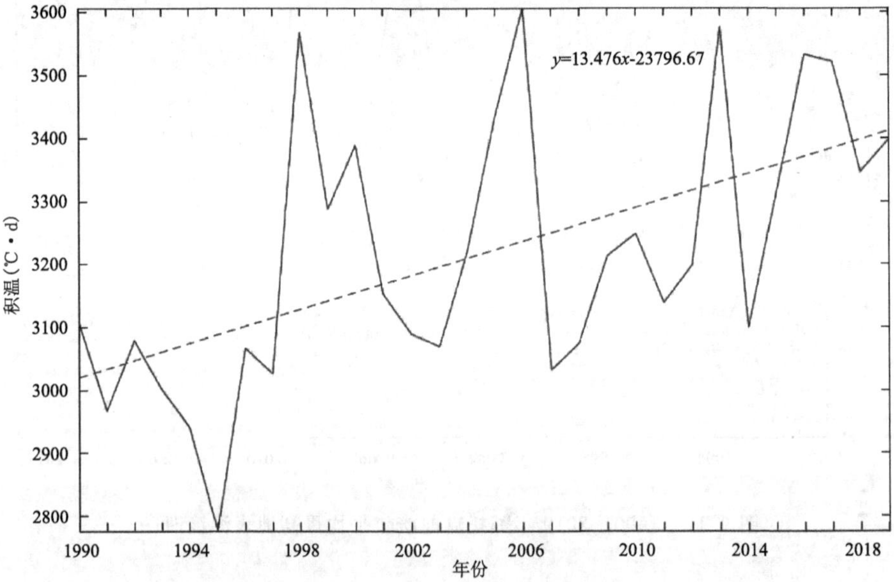

图 9.19　1990—2019 年鄂托克前旗年平均气温≥10 ℃积温时序

9.8　冻土

鄂托克前旗近 30 年最大冻土深度呈现逐年增大趋势，冻土深度变化率为 2.55 cm/10a，最大冻土深度平均值为 104.53 cm，最大值出现在 2008 年，为 136 cm（图 9.20）。鄂托克前旗近30 年年最大冻土深度首次出现日期呈微小提前趋势（图 9.21），冻土持续时间平均为 4.33 d，1990—2009 年，冻土持续时间在平均值上下波动，2012 年冻土持续时间达到最长，为 12 d（图 9.22）。

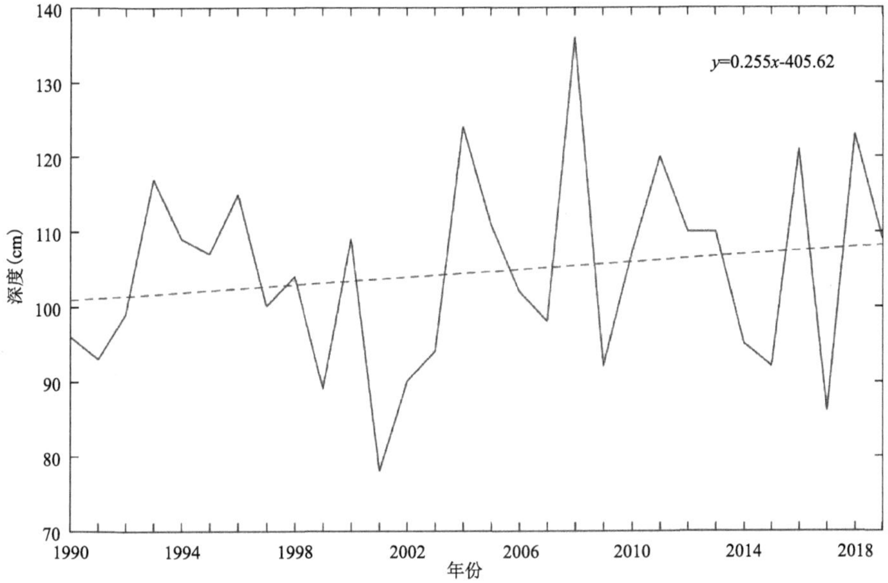

图 9.20 1990—2019 年鄂托克前旗最大冻土深度时序

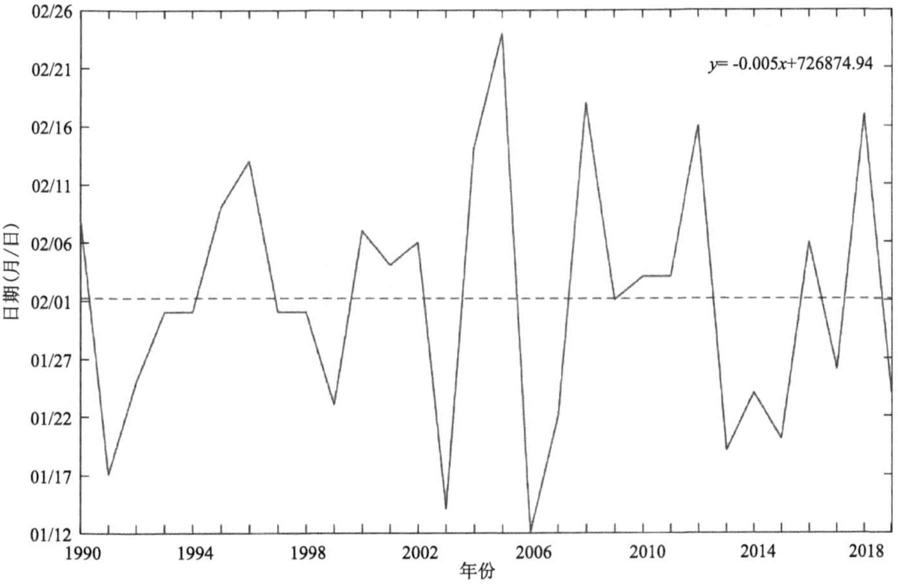

图 9.21 1990—2019 年鄂托克前旗最大冻土深度首次出现日期时序

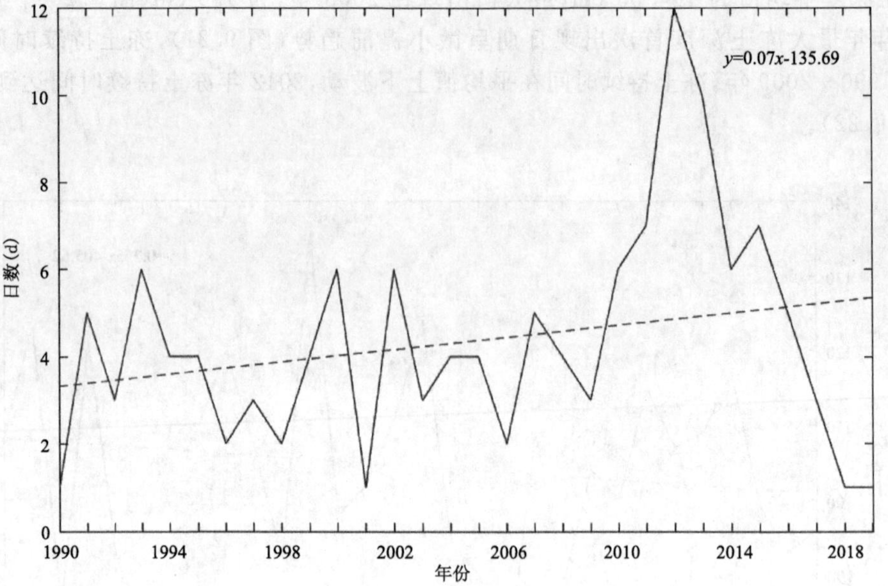

图 9.22 1990—2019 年鄂托克前旗最大冻土深度出现日数时序

9.9 日照

鄂托克前旗近 30 年年日照时数呈显著减少趋势(图 9.23),减少速率为 46.9 h/10a,平均年日照时数为 2994 h,即每天平均日照约 8.2 h。最大年日照时数出现在 1997 年,日照时数达到 3247.8 h;最小年日照时数出现在 2011 年(2518 h),极差 729.8 h。

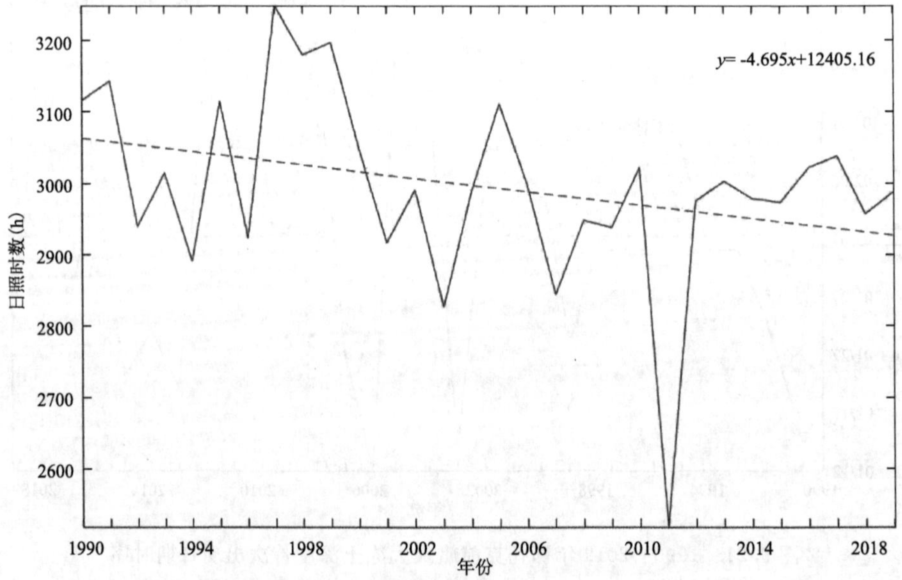

图 9.23 1990—2019 年鄂托克前旗年日照时数时序

9.10　天气现象

1. 沙尘

鄂托克前旗近 30 年年沙尘暴日数呈显著减少趋势(图 9.24),下降率为 7.08 d/10a,其中最大值出现在 1995 年,沙尘暴天气共出现 29 d,2014—2019 年未出现沙尘暴天气。该地区近 30 年年浮尘日数变化较小(图 9.25),平均年浮尘日数为 2.06 d/a,最大浮尘日数为 10 d,出现

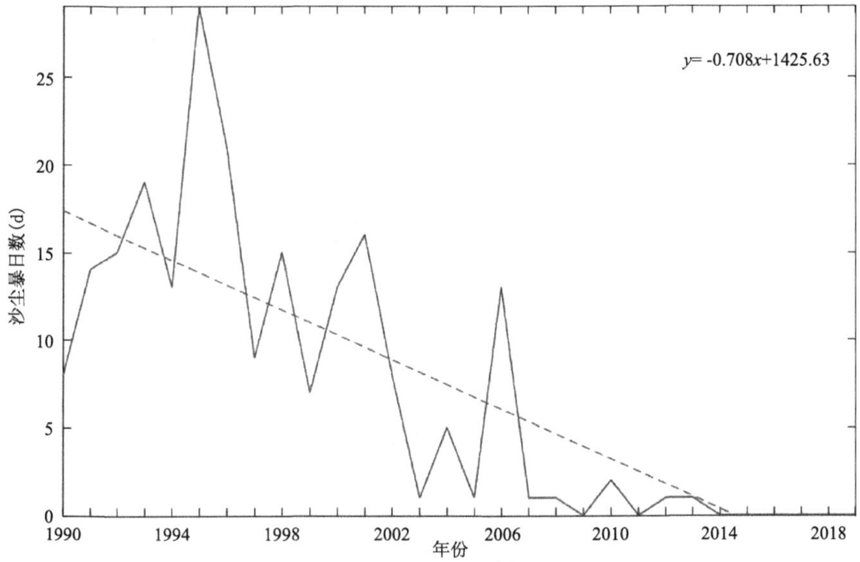

图 9.24　1990—2019 年鄂托克前旗年沙尘暴日数时序

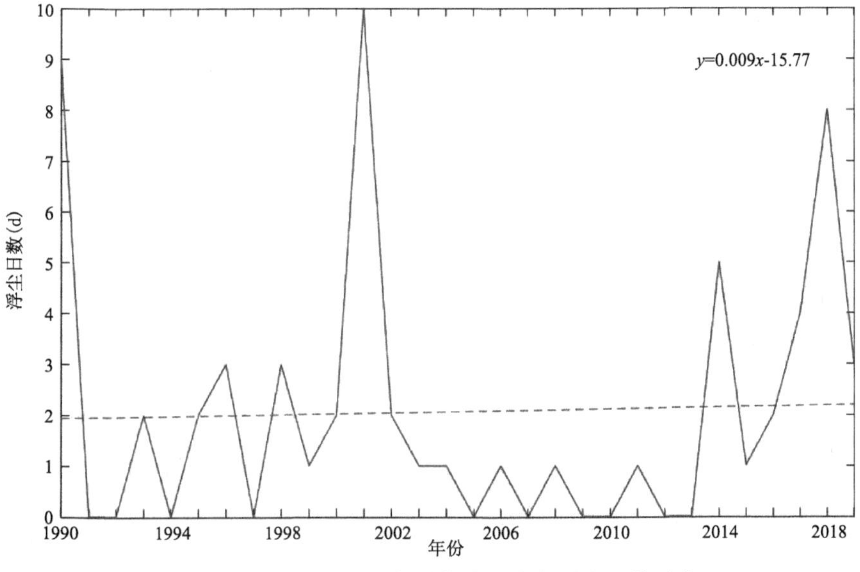

图 9.25　1990—2019 年鄂托克前旗年浮尘日数时序

在 2001 年。鄂托克前旗出现扬沙天气较多,近 30 年年扬沙日数整体呈下降趋势(图 9.26),下降率为 6.86 d/10a,平均年扬沙日数为 20.5 d,最大扬沙日数为 52 d,出现在 1995 年,最小扬沙日数只有 2 d,出现在 2012 年。

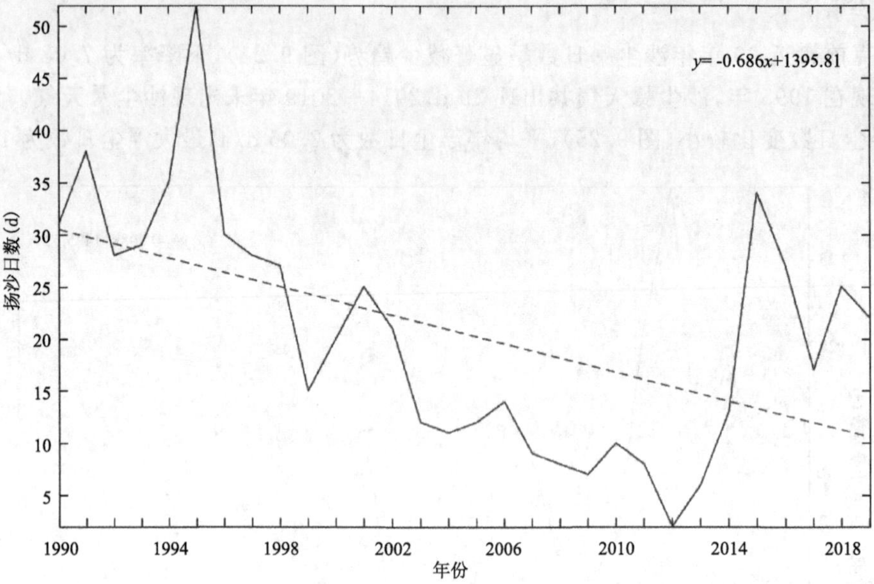

图 9.26　1990—2019 年鄂托克前旗年扬沙日数时序

2. 霜冻

鄂托克前旗近 30 年平均年霜期日数呈下降趋势(图 9.27),下降率为 1.21 d/10a,平均年霜期为 73.4 d,其中最小值出现在 2013 年,为 44 d,最大值出现在 1993 年,为 108 d。平均初

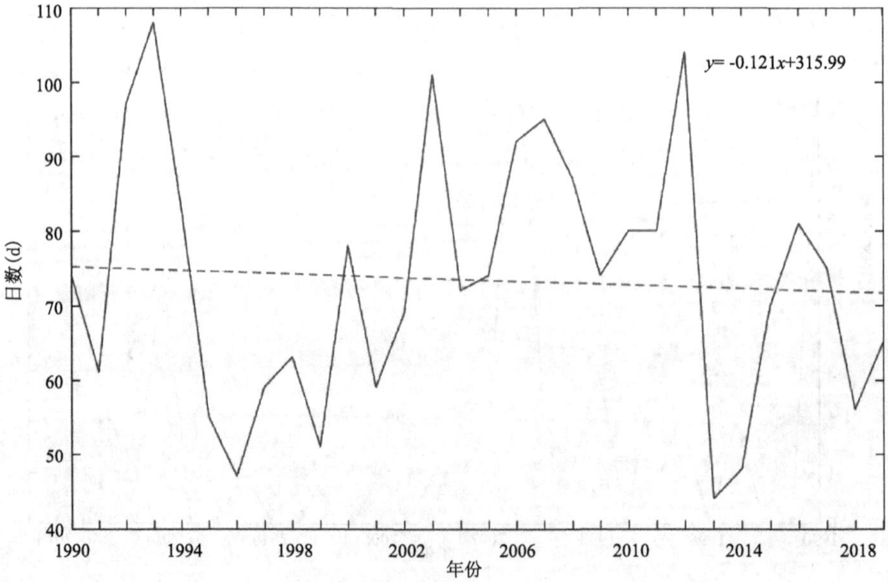

图 9.27　1990—2019 年鄂托克前旗年霜期日数时序

霜日(图 9.28)和终霜日(图 9.29)分别为 10 月 2 日和 4 月 6 日,其中初霜日和终霜日均呈现提前的趋势,提前率分别为 0.33 d/10a 和 2.38 d/10a。

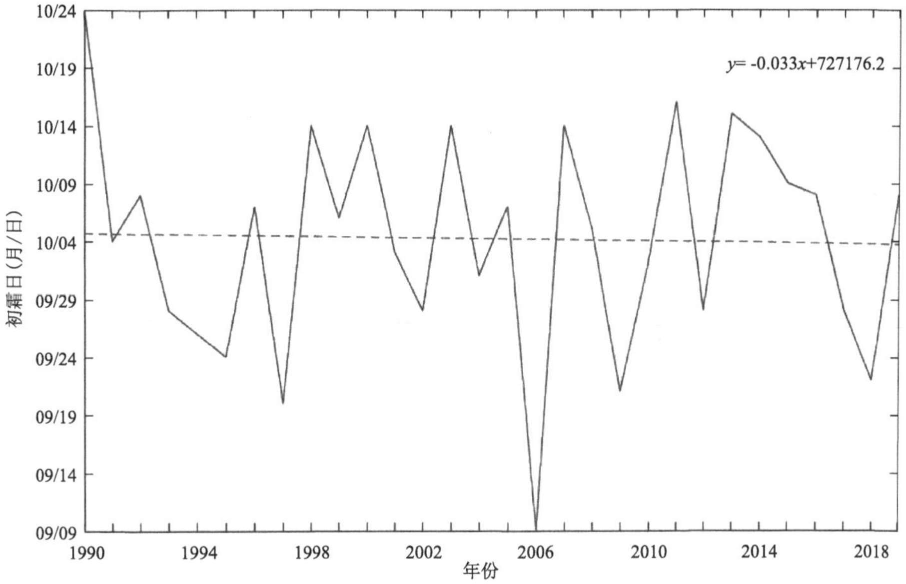

图 9.28　1990—2019 年鄂托克前旗初霜日时序

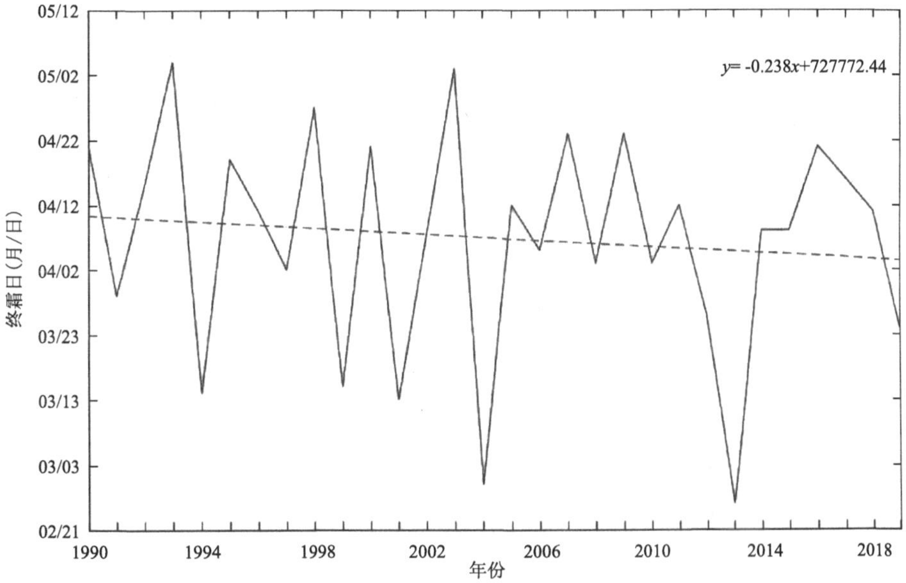

图 9.29　1990—2019 年鄂托克前旗终霜日时序